U0274265

冷却水环境影响调研分析系列丛书之三

美国水质标准中的混合区要求

生态环境部核与辐射安全中心　编著

中国环境出版集团・北京

图书在版编目（CIP）数据

美国水质标准中的混合区要求/生态环境部核与辐射安全中心编著 —北京：中国环境出版集团，2019.12
（冷却水环境影响调研分析系列丛书）
ISBN 978-7-5111-4228-3

Ⅰ．①美…　Ⅱ．①生…　Ⅲ．①水环境质量评价—美国　Ⅳ．①X824

中国版本图书馆 CIP 数据核字（2019）第 281972 号

出 版 人　武德凯
责任编辑　董蓓蓓
责任校对　任　丽
封面设计　彭　杉

出版发行　中国环境出版集团
（100062　北京市东城区广渠门内大街 16 号）
网　　址：http://www.cesp.com.cn
电子邮箱：bjgl@cesp.com.cn
联系电话：010-67112765（编辑管理部）
010-67113412（第二分社）
发行热线：010-67125803，010-67113405（传真）

印　　刷　北京建宏印刷有限公司
经　　销　各地新华书店
版　　次　2019 年 12 月第 1 版
印　　次　2019 年 12 月第 1 次印刷
开　　本　787×1092　1/16
印　　张　7.25
字　　数　100 千字
定　　价　35.00 元

《冷却水环境影响调研分析系列丛书》
编委会

《美国水质标准中的混合区要求》

编委会

主　　编：魏新渝

副 主 编：张　琨

编写人员：魏新渝　张　琨　李　帷　方　圆　王一川

　　　　　王文海　谭承军　魏国良

总 序

直流冷却系统也称为一次循环冷却系统（once-through cooling system）。直流冷却系统电厂从海洋、湖泊和河流中取用大量冷却水（例如，对于1台1 000 WMe 的核电机组，冷却水的取水量约为 50 m^3/s），冷却水经冷凝器后温度升高7～15℃，而后大量温排水回到受纳水体中。当前直流冷却系统电厂值得关注的有两大问题：一个是冷却水取水导致的鱼类、贝类等水生生物的卷塞和卷载效应；另一个是大量温排水对水生生物的影响。

直流冷却系统电厂冷却水取水导致水生生物卷塞和卷载效应，一方面导致大量水生生物损失，另一方面卷塞效应会导致取水设施堵塞，进而影响电厂（尤其是核电厂）安全运行。直流冷却系统电厂温排水可能会影响水生生物的生长、生存和繁殖，改变群落的多样性和丰度，并可能导致栖息地的变化。在我国，当前位于大型受纳水体附近的诸多火电厂、所有的滨海河口核电厂均采用的是直流冷却系统，这些电厂规模大、机组数量多（核电厂址规划的机组数量均在4台及4台以上）、取水量大，其冷却水取水和温排水对厂址周围水生生物的可能影响值得高度重视。

为了进一步规范电厂冷却水环境影响评价，借鉴国外在冷却水取水和温排水环境影响控制方面的经验，生态环境部核与辐射安全中心组织编写了“冷却水环境影响调研分析系列丛书”，对美国冷却水取水和温排水法规标准体系、制定背景和实施情况进行了调研和分析，供读者学习参考。书中不足之处，敬请指正。

生态环境部核与辐射安全中心

2019 年 12 月

前言

本书系统调研了美国国家和滨海各州水质标准温度要求、混合区规定以及核电厂的执行情况，并与我国现状进行比较。可以看出，美国国家水质标准给出了温排水和混合区的一般要求，各州的水质标准给出了水质准则、混合区政策以及对水生生物保护的要求。水质准则给出了各种类型水体温度限值（包括温升限值和/或温度上限值）；混合区政策给出了混合区的位置、尺寸、形状以及混合区内的水质要求；具体厂址是基于“一事一议”的方式确定混合区范围，并满足混合区最小化要求的，大部分美国滨海核电厂混合区范围满足州的混合区政策要求；少数核电厂混合区范围超过了州的混合区政策要求，对这些电厂需进行厂址特性热影响研究，以证明当前的温排水限值能够确保受纳水体中平衡固有贝类、鱼类和其他野生生物种群的生长和繁育。

美国温排水混合区的设置方法和实践有助于我国水质标准制定、滨海核电厂温排水混合区的设置和优化，以减小对水生生物的影响。

目 录

第1章

美国国家环境保护局对混合区的要求

美国《清洁水法》（CWA）316（a）规定了对温排水的要求，概括如下：对于任何符合CWA 306规定的点源，其使用者或营运者在公众听证会后需能够满足监管机构（或是州的监管部门）的要求，这些点源排放的温排水温度限值至少应能够维持受纳水体中平衡固有贝类、鱼类和其他野生生物种群的生长和繁育要求。监管机构（或是州的监管部门）可能对上述点源提出一个排放限值（考虑了热成分与其他污染物的相互作用）以确保受纳水体中平衡固有贝类、鱼类和其他野生生物种群的生长和繁育。以下对CWA 316（a）中混合区的相关要求、水质标准中混合区存在的合法性以及美国国家污染物排放削减（NPDES）许可证申请是否包括混合区的问题进行说明。

美国国家环境保护局（EPA）在1973年的文件中说明了是否设有温排水混合区：

美国《联邦水污染控制法》（FWPCA）303颁布了水质标准（WQS），CWA 316（a）给出了温排水的要求。根据FWPCA的要求，截至1971年，大部分州已经给出了水质标准。在审核和许可这些州标准时，EPA以及其内政部前身（联邦水污染控制机构）使用了1968年国家技术见解委员会出版报告中的准则（常被称为“绿书”）。“绿书”准则授权标准中包含混合区，以保护淡水和海洋鱼类群体。

在众议院工务委员会的会议上，混合区问题实际上已被简要地讨论过。其直接指出现有州的水质标准仍然有效，并且在 EPA 审查后可认为其满足 1972 年修订前的 FWPCA 的要求。1972 年 FWPCA 修订后，若不再使用水质标准中的混合区，则需对包含有混合区的州水质标准进行说明，美国国会对新修订的州水质标准混合区进行审查。审查过程中未发现水质标准准则与混合区要求有不符之处。

同样，没有法案或立法历史指出混合区在 CWA 316（a）下是不允许的。实际上，CWA 316（a）授权的流出物限值是基于特定水质的：即对水生生物的保护。只要任何混合区的尺寸和范围满足对水生生物的保护，那么其将满足 CWA 316（a）的要求。

EPA 在 1979 年的文件说明了水质标准中混合区的合法性：首先，水质标准中使用的混合区是被 CWA 授权的；其次，若混合区不被允许，CWA 中对污染物每日最大总负荷（TDML）的计算和导则要求［CWA 303（d）、CWA 304（a）（2）（D）］是多余的。

EPA 在 1996 年的《关于 EPA 授权的 NPDES 许可证中应用州水质混合区政策的导则》中说明：EPA 建议州制定关于是否允许混合区以及如何确定混合区的法规。EPA 已经提供了关于何时进行混合区分析以及如何确定混合区的边界和尺寸的导则，具体见 EPA 水质标准手册以及基于水质有毒物质控制的技术支持文件。

大部分州水质标准法规有两个类别的混合区：①一些州，如新墨西哥州，拥有授权一个混合区的一般规定和政策，而未说明由谁来执行授权。例如，新墨西哥州的水质标准允许“一个有限的与排放点源连接的混合区……在任何一个受纳水体的水流中”。②其他州的法规和政策酌情授权州机构对混合区进行许可。例如，马萨诸塞州，“……认可水体中一个有限的面积或体积作为混合区”；阿拉斯加州的法规更为严格，其要求“在使用水质准则时……其许可证或确认受纳水体中的一个体积作为流出物的稀释区域，除非……”。无论是上述的哪一种州混合区的法规都没有说明授权EPA将混合区包含在NPDES许可证中（NPDES许可证是由EPA授权的）。在一些情况下，根据CWA 401确认过程，州可能同意EPA的NPDES许可证包含混合区的决定。

我国《海水水质标准》（GB 3097—1997）中对混合区的规定为：污水集中排放形成的混合区，不得影响邻近功能区的水质和鱼类洄游通道。污染排放标准中污染物的浓度比水质标准中污染物的浓度高很多，因此污染物的排放客观存在一个混合区；与美国相同，从法规标准角度来看，混合区的存在也是合法的，只要不超过环境容量并且不影响邻近环境的功能区划。

第2章 美国水质标准中的混合区规定

美国各州和部落均可发布一些关于水质标准的政策。这些政策通常包括混合区影响、水质标准的变化等。法规指出，州和部落不要求采用通用的政策；然而，如果州或部落选择采用基于 CWA 303（c）的通用政策，那么这样的政策是受到 EPA 的审核、认可或否决的。本章介绍了美国通用水质标准中的混合区规定。

2.1 混合区

一个混合区是指水体中有限的面积或体积，排放的污染物在其中进行初始稀释，污染物浓度或水平超过水质准则。在污染物与受纳水体完全混合前，CWA 不要求污染物浓度满足所有准则要求。允许水生生物在水体中有限的、准确定义的区域内短期暴露于高于准则的污染物浓度中，但仍需维持整个水体的指定功能。即允许排放点附近一个小区域内（混合区）污染物的环境浓度高于准则。

混合区内不适用州、部落和 EPA 的水质准则，混合区边界处及边界外应满足水质准则要求。混合区只是授权在该区域内可超越水质准则，但仍需保护整个水体的指定功能。1983 年起，美国通用水质标准描述了混合区是一个水质准则可被超越的区域，而不是准则不适用的区域。

在授权一个混合区前，需评价受纳水体作为一个整体是否能够满足该水域的环境功能。NPDES 许可证法规要求：在确定发生排放时有合理的理由，或说明流体超出准则的原因后，许可证授权机构考虑在恰当的位置“流出物在受纳水体中稀释”。按照州或部落 WQS 以及实施的政策，稀释可被表示为稀释量或混合区。稀释量表示为河流或溪流的流量除水体中部分被应用于快速和完全混合的流量。混合区用于发生不完全混合的水体中。更多的信息见 NPDES《许可书写手册》（2010 年版）。

当混合区用于流出物中污染物的稀释时，允许增加进入水体的污染物负荷（大于原水体允许时的水质要求）。因此，如果不能恰当地设置混合区，那么可能对通过混合区的移动物种以及紧邻混合区较弱迁移能力的物种（如底栖群体）有负面影响。基于这些原因或其他因素，混合区设置时应慎重，以保证不会导致水体整体指定功能的破坏，或不会阻挡达到 CWA 国家水体修复或维持物理、化学和生物整体性目标的进程。基于此，州或部落应谨慎选择是否授权混合区和采纳混合区政策。然而，如果州或部落选择采用混合区政策，在 WQS 中考虑该政策，则必须纳入州或部落的法律中，并且在其生效前获得 EPA 的认可。

混合区政策是一个具有法律约束力的州或部落政策，其包含在 WQS 中，并且描述混合区的一般特点和要求，而不是考虑厂址特定信息。EPA 对新的或修订的 WQS 中混合区政策进行审核、许可或否决。

对于一个特定的点源排放，在授权这个厂址特定的混合区时，需要根据州或部落政策以及厂址的特定排放和受纳水体特性进行说明。通过 NPDES 许可证程序来确定和实施厂址特定混合区。与混合区政策相似，厂址特定混合区是具有法律约束力的规定，其根据州或部落的法律规定，说明其 WQS 准则组成，说明使用厂址特定混合区制定 NPDES 许可证的基于水质流出物限值（WQBEL），以及基于厂址特定信息将 WQS（州或部落混合区政策）应用于一个特定的排放中。

此外，任何时候流出物释放到受纳水体中，都存在一个急性或物理混合区域，在该区域中，排放和受纳水体自然混合，而无视是否从法规角度上被授权一个混合区。这样的实际混合可使用实地研究和水质模型进行描述，并被用于建立一个特定排放的厂址特定的混合区。

2.1.1 州和部落混合区政策的推荐内容

EPA 建议州和部落在其 WQS 中明确是否授权混合区。如果授权了混合区，在临界水流条件下混合区边界应满足水质准则，以保护整体水体的指定功能不受影响。若州或部落选择使用混合区政策，则政策应确保：

- 混合区不破坏整个水体指定的使用；
- 混合区内污染物浓度不会导致通过混合区的生物死亡（致死是污染物浓度与生物暴露到该浓度的耐受性关系，1991 年版基于水质有毒物质控制的技术支持文件（TSD）4.3.3 节中描述了防止生物通过混合区死亡的各种方法）；
- 考虑到可能的暴露方式，在混合区中污染物的浓度不会导致严重的人类健康风险；
- 混合区不能使重要区域如索饵场和/或产卵场，濒危物种的栖息地，有敏感生物、贝床、渔业、饮用水取水和水源、娱乐的区域受到威胁。

由于在混合区内污染物浓度可能超过水质准则，这些提高的浓度可能负面影响水体的生产力以及带来不可预见的生态结果。因此，EPA 建议在 NPDES 许可证的 WQBEL 中混合区应基于“一事一议”的原则慎重制定，根据 40 CFR 131.10 考虑保护指定整体水体使用的整体性要求。

在州和部落混合区的政策中应说明，由于污染物可能的加法效应或协同效应会导致受纳水体的整体功能难以维持，因此 NPDES 许可证授权机构应确保混合区不重叠。此外，EPA 推荐许可证授权机构评价在同一水体中多个混合区的累积效应。基于考虑了所有对水体指定使用影响的累积效应，EPA 已经制订了全面的方法以确定混合区的适宜性（为不符合的区域分配的影响区域，1995 年）。在混合区没有包括唯一的或重要的栖息地的前提下，如果在所有混合区中受到高浓度影响的总面积与受纳水体总面积相比是小的，那么混合区对受纳水体整体指定的使用的影响可能也是小的。

选择采用混合区政策的州和部落应描述确定和划定混合区（至少包括位置、尺寸、形状、排放口设计、混合区内的水质）的一般程序。这些政策应足够细化以支持法规实施、授权许可证以及确定非点源最佳管理实践。

EPA 推荐一个特定排放的个体混合区的特性是基于州或部落混合区政策“一事一议”确定的。该厂址特定评价时考虑了理想排放（包括排放污染物的类型）以及受纳水体的物理、化学和生物特性，受纳水体中生物的生命史以及行为和水体的使用功能。

（1）位置。

州和部落应限制混合区可能的位置，以保护固定的底栖生物以及人类健康免受提高污染物水平可能的负面影响。此外，州和部落应禁止在濒危物种栖息地或其他重要的区域设置混合区，包括索饵场，产卵场，有贝床、渔业、饮用水取水水源以及娱乐区域。

污染物浓度高于慢性水生生命水质准则，可使得敏感类群难以在混合区内生活和繁殖，因此底栖生物以及区域性生物是混合区内最需要考虑的。混合区内污染物浓度越高，就会有越多的类群可能受到负面影响，从而影响生态群体的结构和功能，并且可能影响整个水体的功能。

为了保护人体健康，州和部落应限制混合区，当使用评价合理的暴露途径的假设时，不会导致严重的人体健康风险。例如，当涉及饮用水水源地时，混合区不应侵犯饮用水取水和水源；当鱼类是一个问题时，在考虑了混合区内受影响水生生物的暴露时间和区域内渔业功能后，混合区不应造成对平均敏感的鱼类、贝类等物种的重大健康风险；当水体被指定为接触娱乐用水时，混合区中细菌不应对该水体中的娱乐人群造成严重的健康风险。在所有情况下，最关键的是整体水体指定使用功能得到保护。

（2）尺寸。

为了保护整体水体的指定使用功能，任何混合区中污染物浓度不能达到水体中移动的、迁移的以及漂移的生物的致死值；或者是在考虑了可能的暴露途径下，不应导致人体健康风险。达到这些目的的方法是限制混合区的尺寸。

大部分州和部落允许混合区作为一项政策，也明确了空间尺寸。州和部落已经制订了各种方法来确定各类水体混合区的最大允许尺寸。对于溪流和河流，州和部落政策往往限制混合区的宽度、断面面积，以及/或水流体积，并且允许基于“一事一议”的原则确定长度。对于湖泊、河口和海水，尺寸一般是指表面积、宽度、断面面积和/或体积。

个体混合区的面积或体积应尽可能小，以保证它不干扰整个水体的指定用途，或者不干扰指定用途的水体内的水生生物群落。

一般情况下，州和部落同时有一个污染物的急性水生生命水质准则和慢性水生生命水质准则以及人体健康准则，州和部落可能建立独立的混合区尺寸说明，应用于每个准则类型。对于水生生命水质准则，可能有两种类型的混合区：一个是急性混合区，另一个是慢性混合区，如图 2-1 所示。

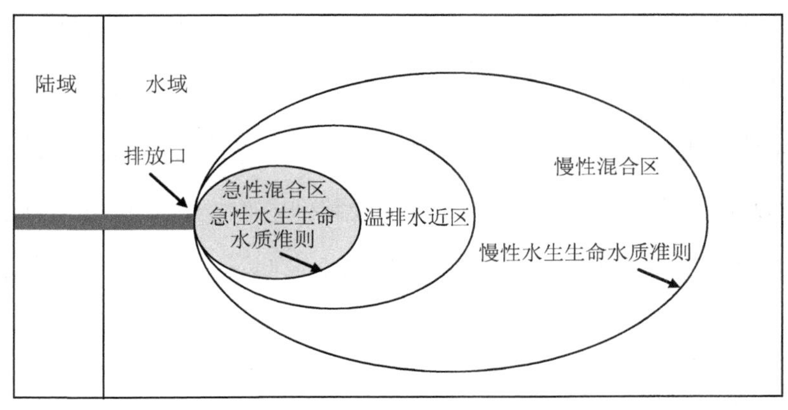

图 2-1　急性水生生命水质准则和慢性水生生命水质准则对应的混合区

在紧邻排放口处，急性水生生命水质准则和慢性水生生命水质准则可能都会被超越，但在该区域边界应满足急性水生生命水质准则，该区域常被认为是急性混合区或初始稀释区域。划定急性混合区以防止通过的生物死亡，以保护整个水体的指定用途。

下一个混合区常被称为慢性混合区，慢性水生生命水质准则可能被超越，但满足急性水生生命水质准则。在慢性混合区边界处满足慢性水生生命水质准则。划定慢性混合区以保护整个水体的指定用途。

在州或部落还有关于污染物的人体健康准则时，划定人体健康混合区以防止重要的人类风险，以保护整个水体的指定用途。

对于特定排放的特定污染物，其幅度、持续时间、频率以及每种准则类型（如人体健康准则和急性水生生命水质准则、慢性水生生命水质准则）相关的混合区将确定哪个准则最能限制允许的排放。在所有情况下，许可机构应评价厂址特定混合区的尺寸，以确定其对整个水体指定用途的影响。TSD（1991 年版）的第 2.2.2 节包含混合区尺寸是否合适的确定信息。

州和部落混合区政策应确定混合区的范围允许自由游泳和漂移生物通过，对这些生物无明显负面影响。很多物种会为了产卵和其他目的而迁徙。不仅是迁徙物种（如溯河产卵以及洄游性种类）能够到达合适的产卵区域，它们的幼体（有时是成体）也需要一个安全地回到它们生长和生活区域的路线。在混合区内提高污染物浓度会产生屏障而阻挡这些物种安全迁徙。因此，应划定混合区并确定其位置，以提供一个连续的通道区域，保护迁徙、自由游泳和漂移的生物。

（3）形状。

水体类型、排放口设计以及排放特性将确定混合区的形状。混合区形状应是一个简单的轮廓，而易于在水体中定位，并且避免进入生物重要区域。在湖中，一般倾向于有一定半径的圆形，但在非正常厂址，其他形状也可能是恰当的。所有水体中都应避免抱岸混合区，岸边区域一般是水体中生物生产力最高和最敏感的区域，并且这些区域常常被用作娱乐用途。抱岸混合区一般难以与受纳水体混合，因此不像其他不抱岸混合区那样水体容易稀释。

（4）排放口设计。

由于排放口的设计会影响初始混合发生的范围，所以州和部落混合区应以政策的形式指导排放，以用于排放口设计的最佳实践工程设计，最大化初始混合。有时候，由于不同设计特点对混合有不同的影响，修改扩散设计、排放口位置或其他排放口设计能够减小对水体的负面影响。有很多不同的因素影响排放口的设计从而影响排放与受纳水体的混合程度，这些因素包括：

- 与水体表面和底部相关的排放口的高度；
- 排放口的端点与最近岸的距离（也就是，排放口是否在水体中部或接近其中一端）；
- 排放的角度；

- 使用的扩散器的类型（也就是单一口或多口扩散器）。

TSD（1991 年版）的 4.4.1 节较详细地描述了排放口的设计。

（5）混合区内的水质。

州和部落应确保混合区内维持最低水平的水质。例如，EPA 推荐混合区水质不能恶化到如下所述的情况：

- 物质的浓度将导致对水生生命的急性毒性影响（急性毒性影响是对通过混合区的水生生物有毒的影响，隐含的假设是允许混合区内的污染物浓度超过急性水生生命水质准则和慢性水生生命水质准则，但低于急性毒性浓度。超过急性水生生命水质准则和慢性水生生命水质准则的区域较小时，不会导致对整个水体指定使用功能产生负面影响）；
- 物质的浓度导致沉降，形成令人不适的沉积物；
- 漂浮的碎片、油、浮渣以及其他物质达到令人不适的浓度；
- 物质达到产生令人不适的颜色、臭气、味道和浊度的浓度；
- 产生不理想的水生生命或导致有害物种变成优势种的物质的浓度。

2.1.2 混合区不恰当的情形

虽然州或部落允许设置混合区，但也存在禁止设置混合区的情况（例如，对于特殊污染物或水体）。同时，对于州或部落允许设置混合区的地区，授权机构可基于厂址的特定条件来确定混合区的设置是否恰当。州和部落应明确如下情形设置混合区是不合适的：

- 会损害整个水体指定用途的地方；
- 含有污染物的浓度可能导致通过的生物死亡；
- 在考虑可能的传播途径后，含有污染物的浓度可能导致严重的人类健康风险；

- 可能面临危险的重要区域，例如索饵场和产卵场，濒危物种的栖息地，敏感生物群、贝床、渔业、饮用水取水和水源以及娱乐区域。

此外，当排放中含有生物累积的、持续的、致病的、致癌的、致突变或致畸的污染物，或含有毒污染物的排放可能吸引水生生物时，州和部落应仔细考虑设置混合区是否恰当。

生物累积污染物是混合区不合适的一个例子，因为其会导致严重的人体健康风险，而难以保护整个水体的指定用途。因此，EPA 推荐，州和部落混合区政策不允许存在排放生物累积污染物的混合区。EPA 于 2000 年采用该方法，其实在 1995 年大湖系统最终水质指南（40 CFR）第 132 部分修订时，就指出在五大湖中禁止设置新的生物累积污染物排放的混合区。

由于鱼的组织污染易造成远场影响问题，影响整个水体或下游水体，而不是限制在混合区内及附近，州或部落可能发现，限制或消除生物累积污染物混合区在如下情形下是恰当的：

- 混合区不得侵占常用于捕捞的区域，尤其是对固定的物种如贝类的捕捞；
- 在水质标准保护作用上有不确定性的区域，或者水体的纳污能力有不确定性的区域。

《通用水质标准手册》第 3 章以及《用于保护人类健康的环境水质标准的推导方法（2000 年版）》第 5 章提供了关于生物累积的额外信息。TSD（1991 年版）的 4.3.4 节讨论在计算 WQBEL 时防止生物累积问题。

当流出物吸引生物时，EPA 也建议州和部落禁止设置该混合区。在这种情况下，混合区周围通道的一个连续区域将不会保护水生生命。虽然大部分有毒污染物会对生物产生中立或回避的反应。但在一些情况下，水生生命被吸引到有毒的释放中，因此很可能导致生物在混合区内严重暴露。例如，温度对生物会产生一定吸引力，生物易于待在混合区内，而不是通过或绕过它，固有的行为如迁移也可能出现避免反应，并导致鱼产生显著的暴露。

2.2 水质准则实施的临界低流量

对于水生生命，如果频繁地超过允许值（例如，3 年中不止一次）可能会导致不可逆的影响，因此大多数时候采用稳态模型预测污染物的排放，稳态模型采用稳态临界低流量作为模拟条件。除了稳态模型，TSD 还推荐了 3 个动态模型来进行废物负荷分配。动态废物负荷模型一般不使用特定的稳态临界低流量值，而是考虑基于历史流量记录的流量出现频率，达到同样的效果。本书中仅讨论稳态条件。

EPA 描述并推荐了两种方法计算可接受的临界低流量值：由美国地质调查局（USGS）开发的传统水文方法；以及 EPA 开发的生物方法。水文临界低流量统计是由应用概率论和极端值确定的，而基于生物学的临界低流量是使用与准则相关特定的持续时间和频率的经验方法确定的。表 2-1 给出了 EPA 推荐的急性水生生命水质准则和慢性水生生命水质准则对应的临界流量。

表 2-1 EPA 推荐的水生生命水质准则和人体健康准则的临界流量

准则	基于水文的流量	基于生物学的流量
急性水生生命水质准则	1Q10	1B3
慢性水生生命水质准则	7Q10	4B3
人体健康准则	调和平均值	

注：使用水文的方法时，1Q10 代表的是预计平均每 10 年发生一次的最低单日平均流量事件；7Q10 代表的是预计平均每 10 年发生一次最低的连续 7 天的平均流量事件。

使用生物学方法时，1B3 代表的是平均每 3 年发生一次的最低的 1 天平均流量事件；4B3 代表的是平均每 3 年发生一次的最低的连续 4 天的平均流量事件。

2.3 小结

（1）州或部落在选择是否授权混合区和采纳混合区政策时需慎重。混合区政策是一个具有法律约束力的州或部落政策，包含在 WQS 中，并且描述混合区的一般特点和要求，而不是考虑厂址特定信息。EPA 对新的或修订的 WQS 中混合区政策进行审核、许可或否决。根据州或部落政策以及一个特定排放和受纳水体的厂址特性说明，授权个体的厂址特定混合区，通过 NPDES 许可证程序来确定和实施个体混合区。EPA 不审查个体混合区。

（2）流出物释放入受纳水体中，将有一个急性或物理混合区域，在该区域中，排放和受纳水体自然混合，而无视是否从法规角度上被授权一个混合区。这样的实际混合可使用实地研究和水质模型进行描述，并被用于建立一个对于特定排放厂址的特定混合区。

（3）由于污染物的叠加效应或协同效应可能会导致水体的指定功能难以维持，因此许可证授权机构应确保各类混合区不重叠。此外，EPA 推荐的 NPDES 许可证授权机构评价在同一水体中多个混合区的累积效应。基于需要考虑所有对水体指定使用影响的累积效应，EPA 已经制订全面的方法以确定混合区是否合适，具体要求见《为不符合的区域分配的影响区（1995 年版）》。

（4）关于混合区位置。州和部落应限制混合区可能的位置，以作为保护固定的底栖生物以及人类健康免受提高污染物水平可能的负面影响的方式。此外，州和部落应禁止混合区设置在那些州、部落或联邦政府的濒危物种重要的或其他重要的区域。这些包括索饵场，产卵场，濒危物种栖息地，有敏感生物、贝床、渔业、饮用水取水和水源以及娱乐的区域。

（5）关于混合区尺寸。美国 WQS 没有给出最大范围的混合区尺寸，只在州和部落政策中体现了最大尺寸。美国州和部落已经开发了各种方法确定各种类型水体混合区的最大允许尺寸。对于溪流和河流，州和部落政策常限制混合区的宽度、断面面积以及/或水流体积，并且允许基于“一事一议”的原则来确定长度。对于湖泊、河口和海水，尺寸一般是指表面积、宽度、断面面积和/或体积。

对于每个准则类型，州和部落可能建立独立的混合区尺寸说明。对于水生生命水质准则，可能有两种类型混合区：一个是急性混合区，另一个是慢性混合区。在紧邻排放口处，急性水生生命水质准则和慢性水生生命水质准则可能都会被超越，但如果该区域边界满足急性水生生命水质准则，该区域常被认为是急性混合区或初始稀释区域。划定急性混合区防止通过的生物死亡，以保护整个水体的指定用途。

下一个混合区常被称为慢性混合区，慢性水生生命水质准则可能会被超越，但满足急性水生生命水质准则。在慢性混合区边界处满足慢性水生生命水质准则。划定慢性混合区以保护整个水体的指定用途。

在州或部落还有关于污染物的人体健康准则时，划定人体健康混合区防止重要的人类风险，以保护整个水体的指定用途。

（6）关于混合区形状。水体类型、排放口设计以及排放特性将确定混合区的形状。形状应是一个简单的轮廓，而易于在水体中定位，并且避免进入生物重要区域。在湖中，一般倾向于有一定半径的圆形，但在非正常厂址，其他形状也可能是恰当的。应避免所有水体中的抱岸温排水。岸边区域一般是水体中生物生产力最高和最敏感的区域，并且这些区域常常被用作娱乐用途。抱岸温排水一般不与受纳水体混合，因此不像其他不抱岸形状的混合区那样稀释。由于抱岸温排水易于维持底栖区域或娱乐区域不混合的水，而更可能对水体指定的用途有负面影响。

（7）关于排放口设计。由于排放口设计影响初始混合发生的范围，州和部落混合区政策应指导排放，以用于排放口设计的最佳实践工程设计，以最大化初始混合。有时候，由于不同设计特点对混合有不同的影响，修订扩散设计、排放口位置或其他排放口设计特点能够减小对水体严重的负面影响。有很多不同的因素影响排放口的设计从而影响排放与受纳水体的混合程度，这些因素包括：

- 与水体表面和底部相关的排放口的高度；
- 排放口的端点与最近岸的距离（也就是排放口是否在水体中部或接近其中一端）；
- 排放的角度；
- 使用的扩散器的类型（也就是单一口或多口扩散器）。

（8）关于混合区内的水质。州和部落应确保混合区内维持最低水平的水质。混合区应满足州和联邦的水质标准要求。

（9）我国尚未有混合区的相关规定，可参考美国混合区的内容制定适合我国的混合区的管理规定。

第3章

美国国家污染物排放削减许可证中的基于水质流出物限值

本章调研 NPDES《许可证书写手册》中的内容，主要关注如何从环境容量出发设置流出物限值，即 NPDES 许可证中基于水质流出物限值的确定。

书写 NPDES 许可证时，需考虑预计的排放对受纳水体水质的影响。州水质标准给出了水体的保护目标。通过分析流出物对受纳水体的影响可给出基于技术流出物限值（TBEL）。但只给出 TBEL 不满足水质标准的要求，根据 CWA 及联邦法规的要求，还需要给出基于水质流出物限值（WQBEL）。

WQBEL 确保流出物排放满足水质标准的要求，以达到 CWA 的目标，即恢复和维持水域的化学、物理和生物完整性，保护鱼类、贝类和野生动植物的生长和繁殖，以及维护水上娱乐。基于 40 CFR 125.3（a）的要求，当 TBEL 难以达到保护目标时，应使用更为严格的流出物限值和条件，如 WQBEL。图 3-1 说明了在 NPDES 许可证中 TBEL 和 WQBEL 的关系，以确定最终的流出物限值。

CWA 301（b）（1）（C）要求许可证包括任何满足水质标准的流出物限值。如上所述，需确定何时现有的流出物限值（如 TBEL）以及现有的流出物水质不满足水质标准的要求，而需要制定 WQBEL。图 3-2 给出了制定 WQBEL 的四个步骤。

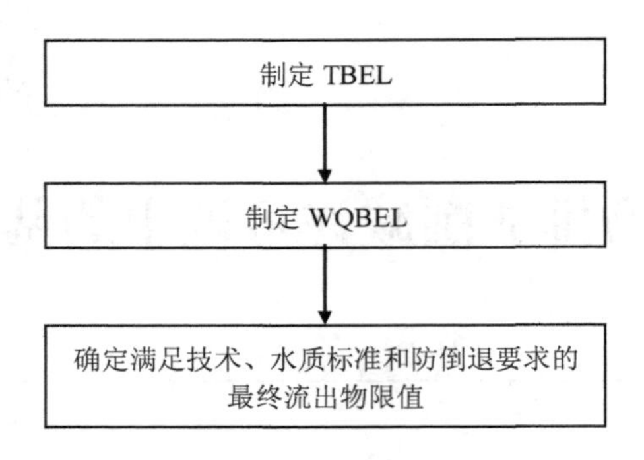

图 3-1 流出物限值的确定

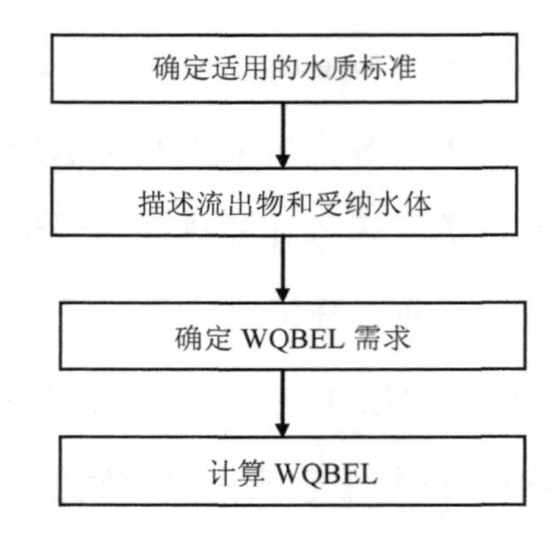

图 3-2 基于水质流出物限值的确定过程

3.1 流出物和受纳水体的特征

3.1.1 第一步：确定流出物中需关注的污染物

有多个信息来源和方法确定 WQBEL 中关注的污染物，对于部分广受关注的污染物，在说明流出物和受纳水体后无须进一步分析就可直接制定 WQBEL。对于其他需关注的污染物，可使用流出物和受纳水体表征的信息评价 WQBEL。如下给出了 5 个 WQBEL 制定过程中的污染物，包括适用于 TBEL 的污染物、从总的最大每日负荷分配（TMDL）中分配的污染物（图 3-3）、在先前许可证中确定为需要 WQBEL 的污染物、通过监测出现在流出物中的污染物、预期不出现在流出物中的污染物。

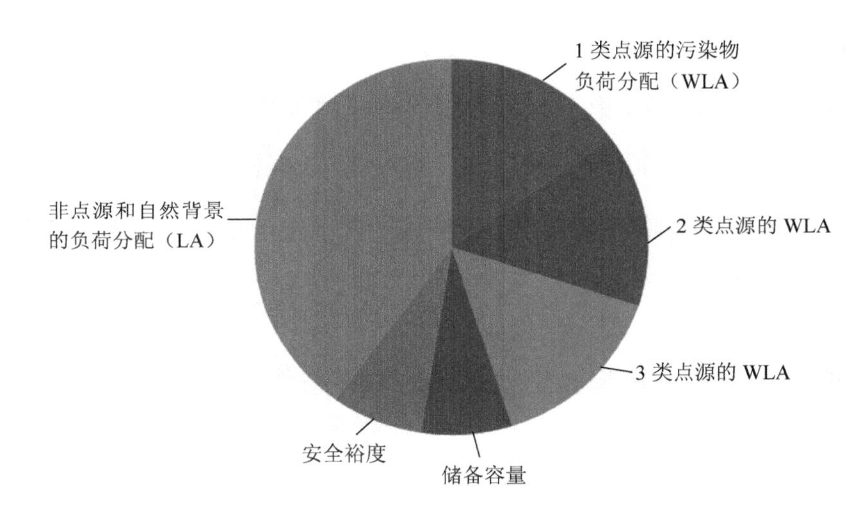

TMDL= ΣWLA + ΣLA +安全裕度+储备容量

图 3-3 TMDL 可分成的部分

3.1.2 第二步：确定水质标准是否考虑了稀释量或混合区

许多州的水质标准中有允许流出物与受纳水体进行混合的一般规定。州水质标准和政策中这些混合的考虑可以通过稀释量或监管混合区的形式表示。稀释量常以河流或溪流的流量，或其中一部分流量的形式表示。监管混合区一般表示为一个有限的面积或体积，存在于排放的初始稀释，并且允许水质超过水质准则的任何类型水体中。州水质标准或实施政策可能指出对于具体的位置或条件（例如，水生物种繁殖地或游泳滩）或水质准则（病原体、pH、生物累积性污染物或其他描述性准则），稀释量或混合区是不允许的，或被认为是不恰当的。

3.1.3 第三步：选择模拟流出物和受纳水体相互作用的方法

当稀释量或混合区被允许时，要求使用水质模型表征流出物与受纳水体的相互作用。在大部分情况下，NPDES 许可证书写者将使用稳态水质模型评价排放对受纳水体的影响。稳态的意思是模型预测流出物对受纳水体影响是基于单一的稳定的设计条件。模型是在单一的一组条件下运行的，这些条件一般是保护受纳水体水质的临界条件。许可证书写者将基于这些临界条件来确定稀释量或混合区尺寸。

3.1.4 第四步：确定流出物和受纳水体的临界条件

当使用稳态模型制定基于水质的许可证时，确定临界条件是表征流出物和受纳水体很重要的部分，并以此作为水质模型的输入。许可证书写者应与水质模拟者或其他水质专家讨论选择的临界条件是否合适。在应用恰当的水质模型评价和计算 WQBEL 时，确定正确的临界条件是很重要的。一些关键的流出物和受纳水体的临界条件总结如下。

3.1.4.1 流出物临界条件

在大部分稳态水质模型中，至少有两个与流出物相关的基本临界条件，即流量和污染物浓度。图 3-4 给出了流出物污染物浓度的对数正态分布及预期的临界浓度。

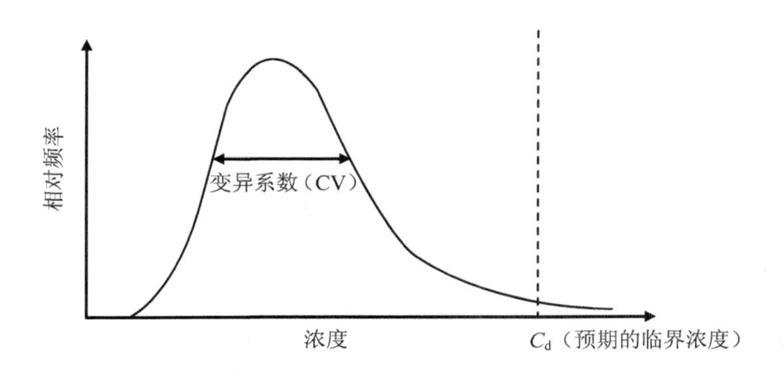

图 3-4　流出物污染物浓度的对数正态分布及预期的临界浓度

3.1.4.2　受纳水体临界条件

在稳态水质模型中，受纳水体临界条件包括水流以及污染物背景浓度。另外，取决于水体及污染物浓度，可能还有其他受纳水体特征需要在水质模型中考虑，例如生物活性和化学反应的影响对评估流出物对受纳水体的影响可能很重要。

3.1.5　第五步：确定合适的稀释量或混合区

对于每种污染物，许可证书写者建立水质标准许可的最大稀释量或混合区。

3.1.5.1　在临界条件下混合的类型

基于水质标准的要求，水质模型和计算中的稀释量或混合区很可能是变化的，这取决于在临界条件下，流出物和受纳水体是快速完全混合还是不完全混合。因此，许可证书写者需要了解在临界条件下，流出物与受纳水体是如何混合的。

快速完全混合（Rapid and complete mixing）是指在紧邻排污口的污染物浓度的横向变化较小的混合。适用的水质标准可能会指出一些条件，例如采用扩散器时，基于这些指定的条件许可证书写者可假设发生快速完全混合。当无法通过简单假设证明能够快速完全混合时，一些标准可允许提供其是快速完全混合的证明。例如，适用的水质标准可能说明，排放口下游的一定距离，水流宽度方向的污染物浓度必须小于一定比例的变化，此时可假设为快速完全混合。

若许可证书写者不能假定是快速完全混合，并且没有快速完全混合的证明，则许可证书写者应假设这是不完全混合。在不完全混合的条件下，混合发生得更缓慢，在排放口附近有比完全混合时更高浓度的污染物。因此，假设不完全混合比快速完全混合更加保守。除河流外的水体（如湖、海湾、开放的海洋），许可证书写者一般会假设不完全混合。

3.1.5.2 最大稀释量或混合区尺寸

一旦许可证书写者确定适用的水质标准允许环境稀释或混合，并且确定了混合类型（快速完全混合或不完全混合），他将再次根据水质标准确定最大稀释量或混合区尺寸，这些可在水质模拟计算中考虑。

（1）在快速完全混合下的稀释量。

快速完全混合型的稀释量应在水质标准或实施标准中给出。一些水质标准允许许可证书写者使用 100%临界低流量作为水质模型中的稀释量。

（2）在不完全混合下的稀释量和监管混合区。

在不完全混合下，水质标准或实施政策可能有允许进行环境稀释的条件，而不以 100%临界流量作为稀释量。其将说明一个有限的稀释量（如临界流量的百分比）或监管混合区的最大尺寸。监管混合区是一个有限的区域或水体体积，该区域内进行排放的初始稀释，并且在该范围内水质标准允许被超越。混合区内水质准则可被超越，因此混合区的使用和尺寸必须被限制在不被破坏以及维持指定用途的水体中。图 3-5 给出了水生生命水质准则的监管混合区的概念。混合区一般是简单的几何形状，其内部水质准则可被超越。

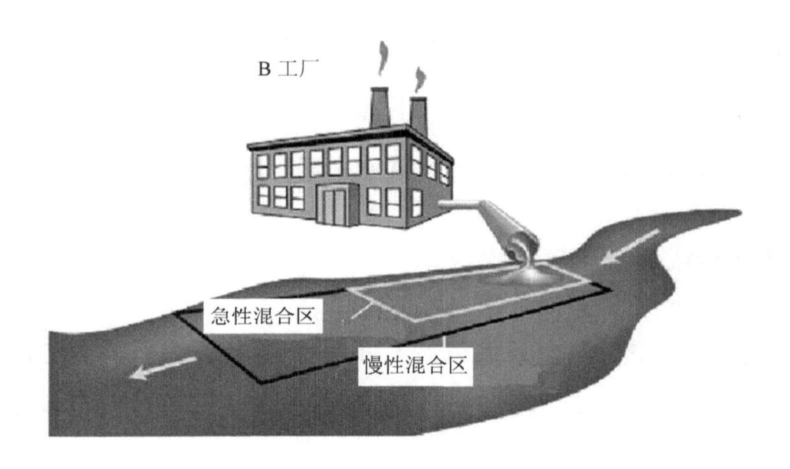

图 3-5 水生生命水质准则的监管混合区

注意：图 3-5 列举了两种不同的混合区，一个采用急性水生生命水质准则、另一个采用慢性水生生命水质准则。水质标准可为不同污染物、不同准则类型以及不同水体类型指定不同的最大混合区。

某州的混合区最大尺寸和稀释量如下：

对于河流、溪流：

- 混合区不大于 1/4 流体宽度和不超过下游的 1/4 英里①；
- 混合区必须小于 1/2 的流体宽度，纵向宽度是流体宽度的 5 倍；

① 1 英里=1.609 km。

- 稀释倍数不能大于 1/3 临界低流量。

对于湖泊和海洋：

- 湖的混合区不能大于 5% 的湖面积；
- 对于湖泊排放可接受的最大稀释比为 4∶1；
- 对于海洋排放可接受的最大稀释比为 10∶1；
- 海洋混合区的最大尺寸为半径 100 英尺[①]。

上述例子来自州标准，不代表 EPA 的导则和推荐。

许可证书写者应核实适用的水质标准，看混合区是否被许可，并确定水体类型、关注的污染物和特定准则下的最大混合区尺寸。

3.1.5.3 稀释量或混合区尺寸限制

除说明在快速完全混合条件以及在不完全混合条件下所允许的最大稀释量或混合区尺寸外，水质标准或实施政策一般包括进一步约束稀释量或混合区尺寸的限制，以小于稀释量或混合区尺寸的上限值。例如，对急性混合区的限制可能是其必须足够小以确保水生生物暴露到高于急性水生生命水质准则的污染物浓度的时间是非常短的，并且生物通过急性混合区不会死亡。这样的限制可能导致许可证授权机构给出排放的特定污染物的急性混合区比水质标准最大允许的尺寸要小，或者不允许有任何急性混合区。其他关于稀释量和混合区尺寸的可能的限制包括防止整个水体的破坏以及防止人类健康的重要风险。例如，许可证授权机构可能限制人体健康准则的混合区尺寸，以防止混合区与饮用水取水重叠。

---

① 1 英尺（ft）=0.304 8 m。

3.2 基于水质流出物限值的确定

确定适用的水质标准和流出物及受纳水体表征后，许可证书写者确定是否需要 WQBEL。

3.2.1 确定 WQBEL 合理分析的过程

CFR 122.44（d）（1）（i）指出“限值必须控制所有污染物或污染物参数（无论是传统的、非传统的还是有毒污染物），防止可能排放的污染物水平导致或可能导致水质标准的破坏，包括水质的叙述准则”。基于该法规，EPA 以及授权 NPDES 许可证的州提到，许可证书写者用于确定在 NPDES 许可证中是否需要 WQBEL 的过程是一个合理的分析过程。对于一个单独或与其他来源的污染物一起排放到水体的排放过程，通过一系列假设验证是否存在超过水质标准的情况。法规还指出这个分析过程的确定不仅适用于具体的数值准则，也适用于叙述准则（例如，污染物虽然无毒，但其数量上的变化可能导致有毒藻类的暴发）。许可证书写者使用流出物和受纳水体数据、模拟技术、非定量的方法进行 WQBEL 的合理性分析。

3.2.2 使用数据进行 WQBEL 合理性分析

当确定需要 WQBEL 时，许可证书写者应使用可获得的流出物以及受纳水体数据和其他关于排放和受纳水体的信息（例如工业类型、现有 TBEL、已开展的水体质量调查），作为判定的基础。许可证书写者可能已经从以往的监测中获得数据，或者在许可证授权前与申请人一起获得数据，并作为新许可证的条件。EPA 建议，流出物限值制定前，应尽可能获得监测数据。在许可证制定前期，应尽早开始监测，以便有充分的时间进行分析。

使用可获得的数据进行合理环境容量分析可分为四步：第一步确定合适的水质模型；第二步在临界条件下预测受纳水体浓度；第三步确定 WQBEL 的合理性；第四步在表中记录 WQBEL 的合理性。

3.2.2.1 第一步：确定合适的水质模型

稳态或动态水质模拟技术被用于 NPDES 许可证中。只关注排放入受纳水体污染物的稀释，而不模拟受纳水体生物活性或化学反应。如果河流或流体中发生快速和完全混合，只需使用简单的质量平衡方程模拟流出物和受纳水体。简单的质量平衡方程用于某设施排放污染物 Z 至河流中，如图 3-6 所示。

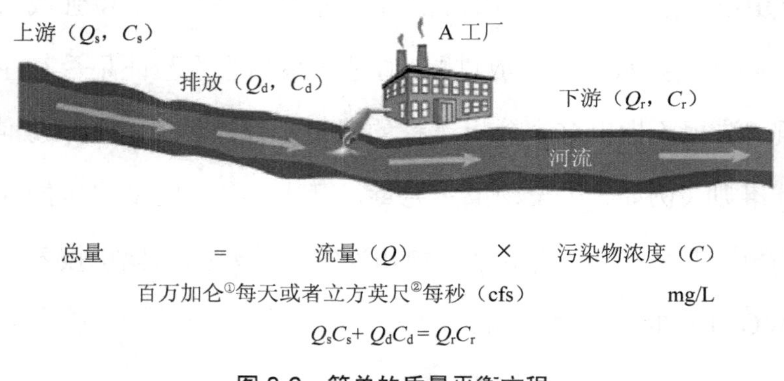

图 3-6 简单的质量平衡方程

3.2.2.2 第二步：在临界条件下预测受纳水体浓度

本步骤测试当存在不完全混合时如何使用稳态模型；提供快速完全混合

① 1 加仑（gal）= 3.785 L。
② 1 立方英尺 = 0.028 317 m^3。

的详细讨论。临界条件包括：

- 流出物临界条件：

— 流量；

— 污染物浓度。

- 受纳水体临界条件：

— 流量（河流或流体）；

— 污染物浓度；

— 其他受纳水体特征如潮汐通量、温度、pH 或硬度（取决于水体和污染物）。

EPA 和其他许可证授权机构已经给出确定临界条件的导则。

（1）在不完全混合情形下预期受纳水体浓度。

图 3-7 是不完全混合情况下受纳水体浓度的例子。工厂排放的某污染物 Y 浓度在排放点处最高，并且逐渐降低直到与受纳水体完全混合。为了确定预期受纳水体中污染物的浓度，可使用合适的不完全混合模型，通过实地研究或染料实验校准，以模拟临界条件下的混合。

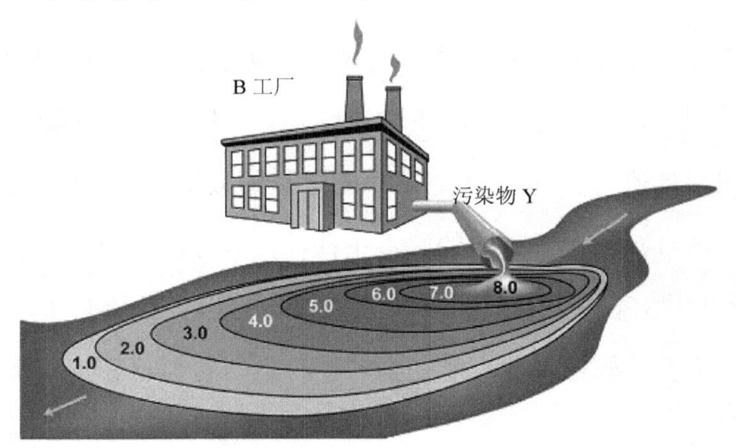

图 3-7 使用不完全混合水质模型确定的不完全混合情况下受纳水体的浓度的例子

注：污染物 Y 浓度单位为μg/L。

（2）在快速完全混合情形下预期受纳水体浓度。

简单的质量平衡方程式是非常基础的稳态模型，当主要关注近场影响时，可被用于大部分有毒污染物、传统污染物和其他污染物的浓度预测。图 3-8 给出了在快速完全混合条件下某工厂向受纳水体中排放污染物 Z 的例子。

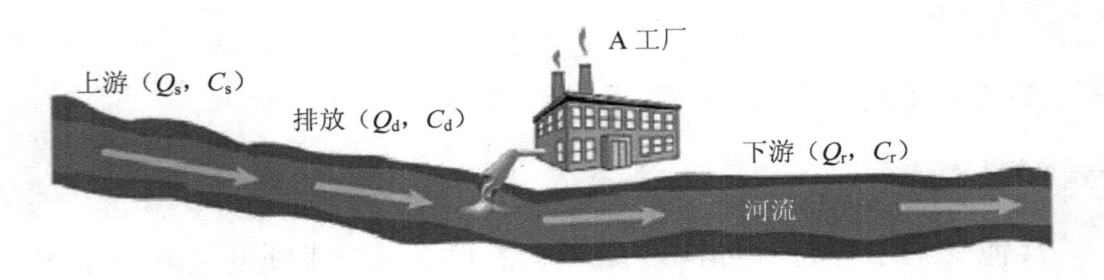

质量平衡方程可以用来确定工厂的污染物在水体中稀释扩散后能否满足各项水质标准，预测受纳水体正常情况下保守污染物的浓度，预测值可与适用的水质标准进行比较。假设条件是污染物能迅速、均匀地与受纳水体混合。

总量 = 流量（Q） × 污染物浓度（C）

百万加仑每天或者立方英尺每秒（cfs） mg/L

$$Q_sC_s + Q_dC_d = Q_rC_r$$

重新排列方程，以确定临界条件下排入下游水体中污染物 Z 的浓度：

$$C_r = \frac{Q_dC_d + Q_sC_s}{Q_r}$$

图 3-8　快速完全混合情况下保守污染物合理的潜在分析的质量平衡方程

使用简单的质量平衡方程预测污染物对受纳水体的影响，需要输入每个变量的数值并解方程给出污染物的下游浓度 C_r。该模型与其他稳态模型一样，每个变量使用简单值，许可证书写者应确定选择的数据能反映排放和受纳水体的临界条件。图 3-9 给出了确定的临界条件，并解方程获得 C_r 值。很重要的一点是，选择的稳态模型可能比简单的质量平衡方程要复杂（例如，水体段中可能有其他污染源、模拟参数可能受到多种污染物的影响等）。

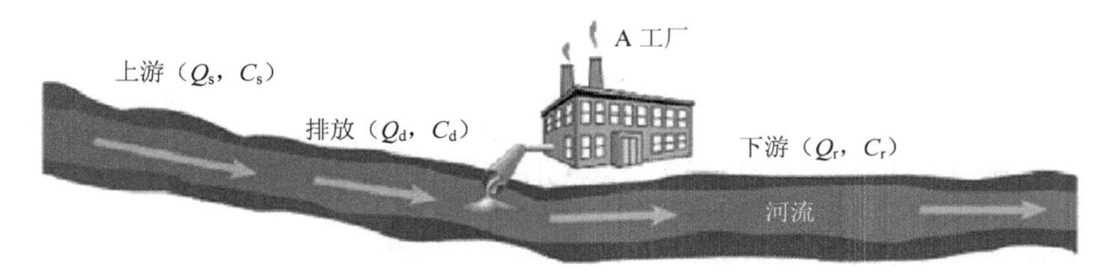

质量平衡方程：$Q_sC_s + Q_dC_d = Q_rC_r$

将质量平衡方程的两边除以 Q_r 得到以下结果：

$$C_r = \frac{Q_dC_d + Q_sC_s}{Q_r}$$

C_r 是排放口下游受纳水体中污染物的浓度；

Q_s=临界低流量（对于快速完全混合的水体，水质标准允许稀释容许量达到 1Q10 的 100%）=1.20 cfs；

C_s=上游为临界低流量时污染物 Z 的浓度=0.75 mg/L；

Q_d=排放流量=0.55 cfs；

C_d=预测的临界低流量中污染物 Z 的浓度=2.20 mg/L；

Q_r=下游流量=1.20+0.55=1.75 cfs；

C_r=污染物 Z 的急性水质标准=1.0 mg/L；

因此，$C_r = \frac{(0.55\ \text{cfs})(2.20\ \text{mg/L}) + (1.20\ \text{cfs})(0.75\ \text{mg/L})}{1.75\ \text{cfs}} = 1.2\ \text{mg/L}$

图 3-9　应用质量平衡方程进行快速完全混合情况下保守污染物合理的潜在分析的例子

3.2.2.3　第三步：确定 WQBEL 的合理性

WQBEL 合理性分析的下一步是考虑水质模拟结果以回答问题：WQBEL 有存在的合理性吗？

- 对于大部分污染物，若稳态模型预测的受纳水体污染物浓度超过了适用的水质准则，则 WQBEL 有存在的必要，许可证书写者必须计算 WQBEL。（注意：对于溶解氧，若水质模拟表明预测的污染物的浓度将导致溶解氧耗尽，而低于受纳水体可接受的值，则 WQBEL 也有存在的必要）。
- 若预测的浓度等于或低于适用准则的值，则 WQBEL 没有存在的必要，即没有必要计算 WQBEL。

（1）不完全混合情况下的决定。

为了确定在不完全混合情况下 WQBEL 是否有存在的合理性，许可证书写者将监管混合区边缘的污染物的预测浓度，或者在核算可用的稀释量后，与适用的水质准则进行比较。图 3-10 给出了在监管混合区被描述为几何形状的情形下，B 工厂设置 WQBEL 合理性的决定。在此例中，污染物 Y 的水质标准是 2 μg/L。可以看出，在水质标准确定的监管混合区边缘（以矩形表示）的很多点，污染物 Y 的浓度都超过了 2.0 μg/L。因此，WQBEL 有存在的合理性，并且许可证书写者必须计算该工厂污染物 Y 的 WQBEL。

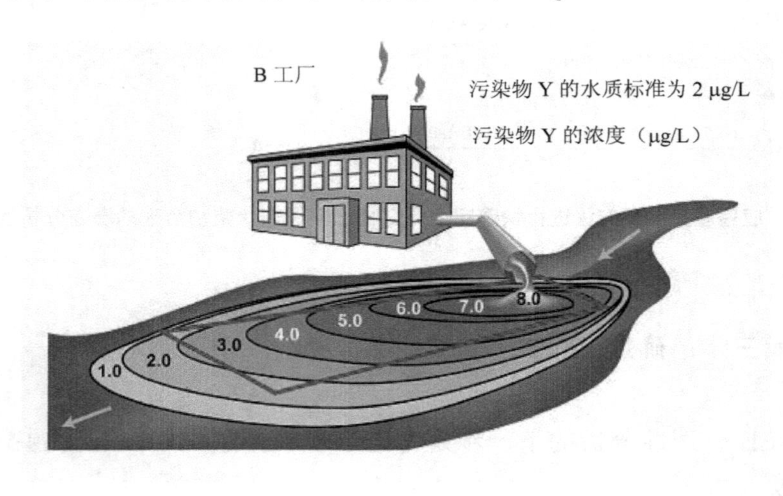

图 3-10　不完全混合情况下的合理潜力决定

（2）快速完全混合情况下的决定。

对于 A 工厂快速完全混合的例子，预测污染物 Z 的下游浓度（C_r）为 1.2 mg/L。许可证书写者将计算的浓度与急性水生生命水质准则（污染物 Z 的浓度是 1.0 mg/L）进行比较。由于 1.2 mg/L＞1.0 mg/L，预测的下游浓度超过水质准则，因此许可证书写者必须计算污染物 Z 的 WQBEL。

许可证书写者应对所有受到关注的污染物的适用准则进行合理性分析，并且需明确由于评价准则的不同，计算的临界条件可能也不同。例如，当考虑急性水生生命水质准则时，使用的临界流量可能是1Q10的低流量，当考虑慢性水生生命准则时，使用的临界流量可能是7Q10的低流量。若计算表明，关注的污染物的排放将导致混合区边缘超过该污染物适用的准则，许可证书写者必须制定该污染物的WQBEL。

此外，存在合理性时，很重要的一点是许可证书写者必须对关注的每个污染物重复进行合理性分析，并且计算WQBEL。对于不需制定WQBEL的污染物，许可证书写者应考虑在先前的许可证中是否有该污染物的WQBEL，以及是否应保留。许可证书写者需完成抗倒退的分析，以确定补发的许可证中是否去除任何现有的WQBEL。

3.2.2.4 第四步：记录WQBEL的合理性

最后一步是许可证书写者将上述合理的详细分析记录在NPDES许可证的事实表中。许可证书写者应清晰给出确定需要WQBEL的信息和过程，以利于NPDES许可证的实施和公众参与。

3.3 WQBEL的计算方法

如果排放的污染物或参数可能超过州水质标准允许的值，许可证书写者必须制定WQBEL。以下给出EPA推荐的计算WQBEL的方法。

通过水生生命水质准则计算WQBEL包括如下五个步骤：

第一步，确定急性和慢性污染负荷分配（waste load allocation，WLA）。WLA是指受纳水体承载污染物能力的一部分，是分配给现有点源或未来点源污染物的量。WLA 可通过 EPA 认可的 TMDL、EPA 或州水体承载污染物能力分析或特定设施水质模拟分析得到。

第二步，计算每个 WLA 的长期平均浓度（LTA）；

第三步，选择最低的 LTA 作为许可排放的基础；

第四步，计算平均每月限值（AML）和最大每日限值（MDL）；

第五步，将计算的 WQBEL 记录到资料中。

3.3.1 第一步：确定急性和慢性 WLA

在计算 WQBEL 前，许可证书写者将首先需要基于急性水生生命水质准则和慢性水生生命水质准则确定点源排放恰当的污染物负荷分配。一个污染物负荷分配可能从 TMDL 确定，或者直接由个体点源计算得到。在对于特定的污染物已经制定了 EPA 许可的 TMDL 时，特定点源排放的 WLA 是分配给该点源 TMDL 的一部分。当没有 TMDL 时，常使用水质模型计算特定点源排放的 WLA。WLA 是具体的点源排放的污染物的负荷或浓度，并且以该浓度排放时，在排放下游仍能满足水质准则。根据适用的水质准则或实施政策要求，计算 WLA 应考虑到所有备用容量、安全系数和来自其他点源和非点源的贡献。

当 WLA 没有作为 TMDL 的一部分给出，或者需要单独的 WLA 说明排放近场对水质准则的影响时，许可证书写者常使用稳态水质模型确定 WLA。如上所述，稳态模型一般在单一的受纳水体临界条件下运行。若许可证书写者使用稳态模型时使用的是一组特定临界条件评价其潜在合理性，一般也使用同样的模型和临界条件计算 WLA。

与潜在合理性评价一样，用于确定 WLA 的稳态模型类型取决于在受纳水体中的混合类型、模拟的污染物或参数的类型。对于很多污染物如有毒的污染物或其他的在考虑近场效应时可被视为保守污染物的，若在受纳水体中有快速完全混合，则许可证书写者可以使用质量平衡方程作为一个简单的稳态模型。若污染物或排放情形没有这些特点（如非保守污染物、考虑对下游水体的影响），非质量平衡方程的水质模型可能更加合适。

图 3-11 给出了通过质量平衡方程计算快速完全混合情况下排放入河流中传统污染物的 WLA 的方法。

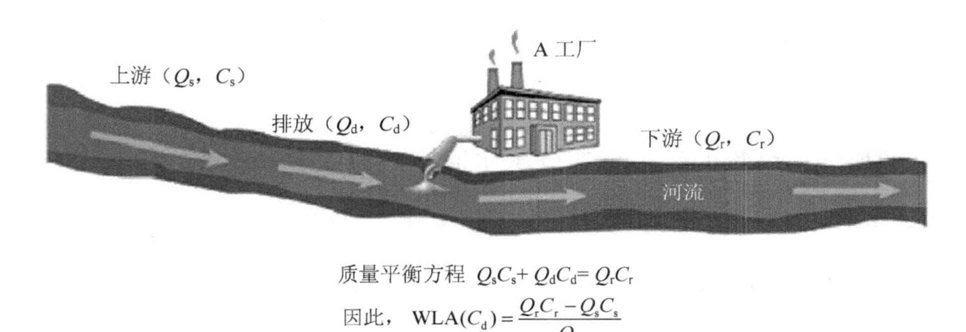

质量平衡方程 $Q_sC_s + Q_dC_d = Q_rC_r$

因此，$\mathrm{WLA}(C_d) = \dfrac{Q_rC_r - Q_sC_s}{Q_d}$

在此例中：

Q_s=临界低流量（对于快速完全混合的水体，水质标准允许稀释容许量达到 1Q10 的 100%）=1.20 cfs；

C_s=上游 Z 污染物的浓度=0.75 mg/L；

Q_d=排放流量=0.55 cfs；

Q_r=下游流量=1.20+0.55=1.75 cfs；

C_r=Z 污染物的急性水质标准=1.0 mg/L；

因此，$\mathrm{WLA}(C_d) = \dfrac{(1.75\ \mathrm{cfs})(1.0\ \mathrm{mg/L}) - (1.20\ \mathrm{cfs})(0.75\ \mathrm{mg/L})}{0.55\ \mathrm{cfs}} = 1.5\ \mathrm{mg/L}$

图 3-11 使用质量平衡方程计算快速完全混合情况下排放入河流中传统污染物的 WLA

3.3.2 第二步：计算每个 WLA 的 LTA

WLA 一般以流出物限值表示。许可证书写者的目的是推导出强制执行的、充分考虑流出物变化的流出物限值，并充分考虑受纳水体的稀释作用，防止出现急性和慢性的环境影响，确定合理的监测采样频率，最终保证满足 WLA 和水质标准。在制定 WQBEL 时，许可证书写者制定要求设施履行的限值，通过这种方式进行限制，排放的流出物中污染物的浓度几乎总是低于 WLA。

为了达到该目的，对于排放浓度测量往往遵循对数正态分布的污染物，EPA 已经制定了一个统计许可限值的程序，用以将 WLA 转化为流出物限值。EPA 认为，该程序可计算得到这些污染物正当的、可执行的以及防护的 WQBEL。此外，很多州已经采纳的基于但不完全相同于 EPA 导则的程序也能提供正当的、可执行以及防护的 WQBEL。许可证书写者应使用许可证授权机构采纳的程序。此外，许可证书写者应认识到应用可替代的程序计算污染物流出物限值，其流出物浓度通常不能使用对数正态分布进行描述。

对于那些污染物的流出物浓度确实遵循对数正态分布的，可通过确定一个 LTA 表述，确保流出物浓度几乎总是维持在 WLA 之下，通过变异系数（coefficient of variation，CV）衡量 LTA 周围数据的变异。图 3-12 说明了流出物浓度的对数正态分布，并突出了 LTA、CV 和 WLA。

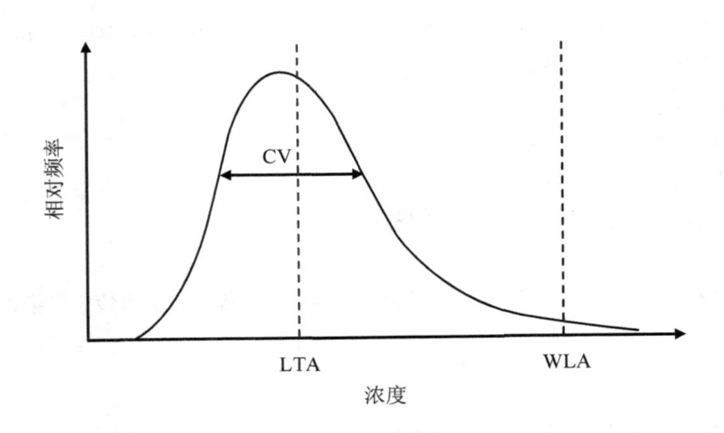

图 3-12 流出物浓度的对数正态分布以及 LTA 的计算

当使用水生生命水质准则时，许可证书写者一般基于急性水生生命水质准则建立一个 WLA 以及基于慢性水生生命水质准则建立一个 WLA。因此，许可证书写者确定两个 LTA：一个确保流出物浓度几乎总是低于急性 WLA；

另一个确保流出物浓度总是低于慢性 WLA。急性和慢性 LTA 用来表示排放的预期性能。

3.3.3 第三步：选择最低的 LTA 作为许可排放的基础

EPA 建议 WQBEL 是基于设施指定的单一标准。因此，一旦许可证书写者已经计算了每个 WLA 的 LTA 值，他将选择其中一个 LTA 来确定设施要求的性能，并且作为 WQBEL 的基础。由于 WQBEL 必须确保达到所适用的水质准则，许可证书写者将选择最低的 LTA 作为计算流出物限值的基础。选择最低的LTA将确保设施流出物浓度几乎在任何时间都能维持在所计算的WLA之下。此外，由于 WLA 是使用临界受纳水体条件计算的，限制 LTA 将确保在所有水文条件下都能满足水质准则。

3.3.4 第四步：计算 AML 和 MDL

CFR 122.45（d）要求给出所有的流出物限值，不切实际的情况除外。对于一个日历月中 AML 是最高的允许值，对于一个日历天中 MDL 为平均每日最大允许值。AWL 同时也是一个日历周中平均允许的最大值。

3.3.5 第五步：将计算的 WQBEL 记录到资料中

许可证书写者应将制定 WQBEL 的过程写在 NPDES 许可证中。

3.4 废物负荷分配

TSD 给出了废物负荷分配方法。

WLA 是 TMDL 中的一部分，其建立的目的是限制现有和未来点源污染物的量，以使得地表水在所有流量条件下均得到保护。

TMDL 过程使用水质分析预测水质条件以及污染物浓度。设定废水中污染物负荷的限值以及非点源的分配，预测得到的受纳水体中污染物浓度应能够满足水质准则。TMDL 和 WLA/LA 应建立在当前获得的资料和适用的水质标准的水平上，同时考虑季节变化和安全运行条件，此外还需考虑任何关于点源、非点源污染负荷和水体质量的现有知识或资料的缺乏。确定 WLA/LA 和 TMDL 应考虑流量的临界条件、污染物负荷以及水质参数。

3.5 小结

（1）仅有 TBEL 可能难以达到水质标准的要求，因此需要设置 WQBEL。WQBEL 是为了满足 CWA 的要求，即恢复和保持国家水域的化学、物理和生物完整性，以及确保水质满足鱼类、贝类和野生生物以及在水中和水上的娱乐（钓鱼/游泳）的保护和发展。当 TBEL 不足以保护水质时，实施更加严格的流出物限值和条件的 WQBEL。

（2）制定 WQBEL 的步骤是：确定适用的水质标准；流出物和受纳水体的表征；确定是否需要 WQBEL；计算 WQBEL 的具体参数。

（3）确定水质标准：州必须至少每三年审核一次其水质标准，并作合适的修订。目标是水质标准应尽可能地保护水体质量，以提供对鱼类、贝类和野生动物以及在水中、水上娱乐的保护和发展。EPA 对州采用的水质标准进行审核、许可或否决。水质标准组成包括指定的用途、水质准则、抗降级政策和一般政策。

（4）流出物和受纳水体的特征描述：

- 确定流出物中关注的污染物；

- 确定水质标准是否考虑了稀释量或混合区（许多州水质标准有允许流出物与受纳水体混合的一般规定）；
- 选择模拟流出物和受纳水体相互作用的方法（当稀释量或混合区被允许时，要求使用水质模型表征流出物与受纳水体的相互作用。在大部分情况下，许可证书写者将使用稳态水质模型以评价排放对受纳水体的影响）；
- 确定流出物和受纳水体的临界条件；
- 建立合适的稀释量或混合区［水质标准或实施政策可能说明一个有限的稀释量（如临界流量的百分比）或监管混合区的最大尺寸。水质标准或实施政策一般还包括进一步约束稀释量或混合区尺寸的限制，以小于绝对的最大值。例如，对急性混合区的限制可能是其必须是够小以确保水生生物暴露到高于急性水生生命水质准则的污染物浓度的时间是非常短的，并且生物通过急性混合区将不会死亡］。

（5）确定是否需要 WQBEL。

- 使用数据进行合理潜力分析；
- 确定合适的水质模型；
- 确定在临界条件下的预期受纳水体浓度；
- 考虑水质模拟结果以回答问题：有合理的潜力吗？对于大部分污染物，若稳态模型预测的受纳水体污染物浓度超过了适用的水质准则（例如，在水质标准确定的监管混合区边缘的很多点污染物 Y 的浓度超过了准则），那就有合理的潜力，许可证书写者必须计算 WQBEL。

（6）计算具体参数（Prameter-specific）的 WQBEL。

- 由水生生命水质准则计算具体参数的 WQBEL；
- 确定急性和慢性污染负荷分配（一个污染物负荷分配可能从 TMDL 确

定，或者直接由个体点源计算得到）；

- 计算每个 WLA 的长期平均浓度（为了确保许可证书写者制定的 WQBEL 几乎总是低于 WLA，对于那些污染物的流出物浓度确实遵循对数正态分布的，可通过确定一个长期平均表述，确保流出物浓度几乎总是维持在 WLA 之下，通过变异系数衡量 LTA 周围数据的变异）；
- 选择最低的 LTA 作为允许排放的性能基础（由于 WQBEL 必须确保达到所有适用的水质准则，许可证书写者将选择最低的 LTA 作为计算流出物限值的基础。选择最低的 LTA 将确保设施流出物浓度几乎所有时间中维持在所有计算的 WLA 之下。进一步，由于 WLA 是使用临界受纳水体条件计算的，限制 LTA 将确保在所有条件下满足水质准则）；
- 计算平均每月限值和最大每日限值。

（7）监管混合区范围和尺寸已经确定的情况下只能反推是否需要确定基于水质流出物限值，即出现超标时；但在确定基于水质流出物限值时，并没有用到监管混合区，而是使用基于急性水生生命水质准则和慢性水生生命水质准则制定的污染负荷分配和长期平均浓度，那么由污染负荷分配得到的流出物限值也无须与监管混合区边界要求进行比较。

第4章 美国滨海各州水质标准及混合区要求

4.1 马萨诸塞州

4.1.1 水质标准

马萨诸塞州水质标准中的混合区规定为：马萨诸塞州环保部门（MassDEP）可以允许有限面积或体积的水体作为混合区，混合区为排放初始稀释区域。在混合区内的水质可能无法满足特定的水质准则，混合区应满足如下条件：

①混合区的面积或体积应尽可能小，在通过州环保部门确定的混合区时没有生物死亡。排放的位置、设计和运行应减小对水生生物以及在混合区内和混合区周围现有和指定功能的影响。

②混合区不得影响鱼和其他水生生物的迁移或自由活动。应有生物游泳和迁移的安全和足够的通道，而对它们的群体没有有害的影响。

③混合区不得引起其他冲突，如在沉积物中累积污染物或有害的生物群

落，或者干扰地表水现有的或指定的用途。

马萨诸塞州水质标准中海水分类及温度准则如表 4-1 所示。

表 4-1 马萨诸塞州海水分类及温度准则

海水水质类别	定义	温度	316（a）	316（b）
SA	这些水域被指定为鱼类、其他水生生物和野生动物很好的栖息地，包括它们的繁殖、迁移、生长和其他重要功能，并为一级和二级接触娱乐用水；在某些水域，良好栖息地可能包括但不限于海草的生长环境；这些水域无须净化就适合收获贝类（批准以及有条件地批准的贝类区）；这些水域有很好的审美价值	不应超过 29.4℃，并且每日最高平均温度不超过 26.7℃；排放导致的温度升高不应超过 0.8℃	与释放温度变化相关的替代流出物限值应遵守 314 CMR 4.00；对于许可证和温度变化的更新，申请者应表明替代流出物限值依然能够满足温排水的变化标准要求	对于 EPA 监管的取水设施（CWIS），MassDEP 有权对 CWIS 提条件以确保满足 314 CMR 4.00 中取水的要求，包括但不限于满足描述的和数值的准则以及对现有和指定用途的保护
SB	这些水域被指定为鱼类、其他水生生物和野生动物的栖息地，包括它们的繁殖、迁移、生长和其他重要功能，并为一级和二级接触娱乐用水；在某些水域，良好栖息地可能包括但不限于海草的生长环境；这些水域净化后适合收获贝类（限制以及有条件地限制的贝类区）；这些水有一贯良好的审美价值	不应超过29.4℃，并且每日最高平均温度不超过26.7℃；夏季月份（7—9月）排放导致的温度升高不应超过0.8℃，冬季月份（10—次年6月）排放导致的温度升高不超过2.2℃	同上	同上
SC	这些水域被指定为鱼类、其他水生生物和野生动物的栖息地，包括它们的繁殖、迁移、生长和其他重要功能，并为二级接触娱乐用水；这些水适合某工业的冷却用水或过程用水；这些水有好的审美价值	不应超过 29.4℃，排放导致的温度升高不应超过 2.8℃	同上	同上

4.1.2 混合区要求

混合区是指紧邻排放点一定面积或体积的水体，在该区域内，发生排放的初始稀释。在混合区内，当不影响现有和指定的功能时，不执行水质准则是可以接受的。在混合区边界执行水质准则；当混合区没有被许可时，在排放口处执行水质标准。

混合区的位置选择、混合区内执行的水质以及混合区的尺寸和形状应满足如表 4-2 所示标准的要求。

表 4-2 马萨诸塞州混合区的标准及具体要求

参数	标准	具体要求
位置	a）避免重要使用	避免： 水供应设施； 贝壳类的生产； 洗澡的海岸； 敏感水生生物栖息地
	b）提供通过区域	溯河产卵或顺流产卵渔业必要的区域； 混合区外提供一半宽度或一半体积的水体自由空间
混合区内的水质	a）保护公众健康	避免敏感区域； 需要限制鱼和贝类可食部分浓度的区域； 满足混合区边界标准
	b）保护水生生物	混合区内禁止急性暴露到有毒物质： a）州有毒物质政策； b）EPA TSD 准则
	c）防止令人反感的条件	使用合适的美学准则
尺寸和形状	混合尺寸	技术上最小化：设计、运行、位置和处理水平； 满足初始稀释区（ZID）的准则或通过抗恶化的要求而规定更大的面积

马萨诸塞州 NPDES 许可证申请时，温排水审评要求如表 4-3 所示（以内

陆水体为例）。

表 4-3　马萨诸塞州内陆水体的 NPDES 许可证的温排水审评要求

序号	生态要求	准则
1	维持温度的自然每日和季节性循环	环境温度改变限值 ΔT 温水：2.8℃ 冷水：1.7℃ 湖：1.7℃
2	不超过平衡水生生物群体最大温度	最高温度限值 T_{max} 温水：28.3℃ 冷水：20℃
3	混合区内避免短期负面影响	混合区最高温度限值 32.2℃
4	为有机体（尤其是溯河而上或顺河而下的鱼类）提供通过区域	混合区的空间分布：不超过断面面积的 50%，或者不超过两岸之间一半的距离
5	避免大的每日变化以及改变速率	要求 24 h 的流量平衡，在冬季月份中没有例行的关闭

4.1.3　Pilgrim 核电厂

4.1.3.1　NPDES 许可证的规定

Pilgrim 核电厂 NPDES 许可证运行温升为 18℃，正常情况下，电厂运行温排水温升为 15～17℃。在冷却水流量整年稳定在 311 040 gal/min（693 cfs）时，排放温度是取水温度的函数。温排水从冷凝器出来后通过地下的混凝土管道输送至排放渠。输送管道首先通过一个长 71.6 m（235 ft）的强化混凝土箱涵，接着通过一个长 76.2 m（250 ft）的混凝土管排放，进入长 274.3 m（900 ft）的梯形排放渠，排放渠通过一个防坡堤与取水港湾分开。排放渠由两个朝向垂直于岸线的防坡堤组成，其中一个防坡堤与取水港湾共有。渠道的水平、垂直比例为 2∶1。

NPDES 许可证（EPA，1994 年）指出，电厂的温排水：①不应干扰当地平衡物种群体在水段中的自然运动、生殖周期及迁移途径；②应当与周围的海岸线接触最少。

4.1.3.2 热影响研究及结论

该电厂进行过两次详细的温度调查，1974 年基于表面温度测量温排水，1994 年基于底部水温测量仪测量水下温排水，并且使用数学模型验证并预测温排水范围。1974 年的研究表明，环境温度越高，温排水影响范围就越大，例如 8 月当环境温度为 17.0℃时，3℃温升包络面积为 0.87 km^2，11 月当环境温度为 8.5℃时，覆盖面积只有 0.057 km^2。由于浮力作用，随着深度的增加，温排水面积迅速减小。最大的影响面积是发生在涨停和落停之间。1994 年的研究表明，低潮时温排水与底部接触范围从岸往外一直延续几百米。只有在低潮时（也就是潮汐在平均海平面以下），排放温排水会明显地接触海湾底部。因此底栖生物交替暴露在环境和温排水中。具体如下：

- 温排水接触底部最大面积和最高温度发生在低潮、平潮时；
- 在低潮前 3 h 温排水开始沿着底部蔓延，低潮前 1 h 达到最大面积的 75%，下降迅速，低潮后 1 h 下降至最大面积的 50%；
- 底部温排水最大影响范围，1℃温升范围从排放口往外不超过 170 m（558 ft），离岸 80 m 处宽度不超过 40 m；
- 1℃温升最大底部温排水面积为 0.005 km^2，高温在一个很小的范围内。较小的高温升区域与裸露的底栖海藻（爱尔兰苔藓）区重合；
- 高潮时没有明显可辨别的温度增加；
- 在极端天气条件下，最大排放温升达到 38℃，接触底部的温排水范围为上述值的4～7倍。

该厂址只有两起热冲击导致的鱼类死亡，分别是1975年8月和1978年8月，大西洋鲱鱼死亡数分别为3 000条和2 300条。

此外，在1973—1998年，对底部断面进行了可视观察。

NRC人员回顾了可获取的信息，包括申请者提供的信息、NRC人员厂址参观、CWA 316（a）证明、公众评价及其他公众意见，并且评价了执照更新期间热冲击对水生资源的可能影响。NRC 认为在执照更新期间热冲击对海洋资源的可能影响是小的，无须采取措施减少热冲击的生物影响。

4.1.3.3 水质标准的执行情况

NPDES许可证没有具体规定混合区的大小，只规定了：运行温升最大为18℃；最高温度限值为38.9℃。电厂的温排水：①不应有害于土著群体在水体中的自然运动、生殖周期或迁徙途径；②应当与周围的海岸线接触得最少。

水质标准中水质准则的要求是水体温度不应超过29.4℃，排放温度升高不得超过2.8℃。

混合区外满足水质标准中水质准则的要求。

4.2 康涅狄格州

4.2.1 水质标准

康涅狄格州水质标准定义了影响区域，是指污染物的排放导致地表水降低等级或不满足水质准则要求的面积或体积。影响区域用于描述受到温排水、传统或有毒污染物排放影响的区域。

水质标准对影响区域的要求有：影响区域应限制在最大可能范围内；不得妨碍受纳水体任何现有和指定的使用；根据受纳水体特定的物理、化学和生物学特性，确定受影响区域的受纳水体的面积和体积；除另有规定外，温排水影响区域不得超过受纳水体断面或流体体积的25%。表4-4给出了康涅狄格州水质准则的温度要求。

表 4-4　康涅狄格州水质准则的温度要求

水质类别	温度要求
AA	不应改变自然条件而影响分配给该类的任何现有或指定的用途，并且任何情况下温度不超过29.4℃，或任何情况下导致温升不超过2.2℃
A	同上
B	同上
SA	不应改变自然条件而影响分配给该类的任何现有或指定的用途，并且任何情况下温度不超过28.3℃或任何情况下导致温升不超过2.2℃。在7月、8月和9月受纳水体温升不超过0.83℃，除非能够表明固有生物的产卵和增长没有受到明显影响。排放入Housatonic和Thames Rivers河口段允许的温度增加应满足非潮汐水体段温度准则
SB	同上

4.2.2　Millstone 核电厂

4.2.2.1　NPDES 许可证要求

Millstone 核电厂温排水排放口处最大温度 T_{max}=40.5℃、ΔT_{max}=18℃，申请者应记录温排水每个月的最大温度以及最大温升。排放的温度不应导致受纳水体温度高于28.3℃或任何情况下导致温升超过2.2℃。为了达到这些条件，应给予合理的时间和距离，以使温排水和受纳水体混合。温度高于28.3℃或温升超过 2.2℃混合区的边界，从排放口（采石场切口）往外半径不应超过 2 438.4 m（8 000 ft）。根据这些条件定义的混合区内的温排水水流不应阻塞鱼类通道。电厂温排水排入采石场海域，采石场出口断面处温升非正常条件下可超过 24℃，但持续时间不得超过 24 h。当温升超过 18℃时，应立即或在次日通知环境保护部门，并在 5 个工作日内给出书面报告。在降低取水流量期间，温升不得超过 22.8℃。

4.2.2.2 热影响研究和结论

在 1992 年的 NPDES 许可证说明中，该电厂排放的温排水不影响 Niantic Bay 和 Long Island Sound 东部的鱼类和野生生物群体的保护，基于 CWA 316（a），允许替代热流出物限值。NPDES 许可证还要求继续监测供水水体和受纳水体，包括潮间带和潮下带的底栖生物群落和鱼类群落的研究，以及龙虾和冬比目鱼群落的详细研究。

1972 年热冲击以及气泡导致采石场内鱼类死亡，自此之后电厂设置了一个鱼屏障以防止大鱼进入采石场海域。在采石场海域中的水温有时会超过一些物种的死亡温度，然而在采石场出口处，能够满足 NPDES 许可证温排水和排放体积限值的要求。

当前 NPDES 许可证限值是，温排水的温度最大值为 40.6℃，最大温升为 18℃。当在不正常的情况下，采石场出口温升可超过 24.4℃一定时间但不能超过 24 h。当温升超过 17.8℃时，要求向当地环保机构报告。受纳水体平均温升不能超过 2.2℃，排放温度不能使受纳水体正常水温超过 28.3℃。采石场口的排放口外的混合区边界半径不能超过 2 438 m，最大允许每日排放流量为 1.0×10^{10} L/d。

自 1979 年的热影响研究表明，岩石潮间带群落的影响是有限的，大约是排放东部至 Long Island Sound 包括 Fox Island 的 150 m 岸线。温排水区域潮间带种群的特点是冷水物种的消失或减少。在调查的年份中，泡叶藻丰度的增加也归因于电厂温排水。然而，在 Millstone 核电厂机组关闭时，泡叶藻在其生长季节的增长也很快，可能是其他因素如环境温度条件、营养物和光导致泡叶藻增长。对电厂附近苦草床的监测显示其未受温排水的影响。

温排水形状表征显示：相对于 3 台机组运行，2 号和 3 号机组产生近场温排水有略高的温度，但长度较小。在最差条件（3 台机组运行）下，4.4℃、3.3℃和 2.2℃等温升线均限制在 Millstone Point、Twotree Island 和 White Point 形成的边长约 1 200 m（4 000 ft）的三角区域内。0.8℃等温升线只有在极端涨潮条件下到达 Niantic Bay，并且只有在最大落潮时进入 Jordan Cove。

NRC 人员得出结论，温排水影响一般只限于临近采石场的附近海域，不可能出现对迁移鱼类的热屏障。在执照延寿期间，热冲击对鱼类和贝类可能的影响将是小的。

4.2.2.3 水质标准的执行情况

在混合区半径为 2 438 m（8 000 ft）范围外满足水质标准，即受纳水体平均温升不能超过 2.2℃。

4.3 纽约州

4.3.1 水质标准

表 4-5 给出了纽约州叙述性水质标准。

表 4-5　纽约州叙述性水质标准

参数	类别	标准
温排水	GA、GSA、GSB	不会损害水的最佳用途
温排水	AA、A、B、C、D、SA、SB、SC、I、SD、A-Special	4.3.1.1 温排水准则 4.3.1.2 混合区准则

4.3.1.1　温排水准则

（1）一般准则。

下列准则适用于纽约州所有接收温排水的水域：

- 要保证受纳水体的天然季节循环；
- 每年春秋温度变化必须是逐渐的；
- 必须避免由于人工热源导致的大的每日水温变化；
- 违反水质标准时，不得引起有毒生物的发育或生长；
- 降低受纳水体温度的排放不得违反水质标准和混合区准则；
- 为避免水生生物种群遭受剧烈的温度变化，对任何厂址的整个温排水的例行关闭不得定于 12 月至 3 月。

（2）具体准则。

下列准则适用于纽约州所有接收温排水的水域：

1）非鲑鱼水域。

- 在河流表层任何地点水温不得升至 32.2℃；
- 至少 50%的横断面和/或包含最少 1/3 岸宽的流体体积，添加人工热源后温升不得超过 2.8℃或者温度不得超过 30℃。

2）鲑鱼水域。

- 对于鲑鱼水域，任何时间内，许可排放温度不允许超过 21.1℃；

- 6月至9月，不允许人工热源的排放导致流体温升大于1.1℃；
- 10月至5月，不允许人工热源的排放导致流体温升大于2.8℃或者最大温度限值超过10℃。

3）湖泊。

- 添加人工热源后湖的表层温升不应超过1.7℃；
- 对于分层湖泊，热排放提高水体的温度应被限制在水层表层；
- 对于分层湖泊，降低受纳水体温度的排放应排放到深水层。

4）海岸水体。

- 10月至6月，增加人工热源后海水表面温升不应超过2.2℃，7月至9月不应超过0.83℃。

5）河口或河口部分。

- 河口表层的水温不应在任何时间上升到32.2℃；
- 至少50%的横截面积和/或包含在任何潮型下岸与岸之间最少1/3表面河口的流体体积，添加人工热源后温升不得超过2.2℃或者不超过28.3℃；
- 7月至9月，若在添加人工热源前表面水温高于28.3℃，则不允许在河口通道的任何位置温升超过0.8℃。

6）封闭的海湾。

除自然因素外，在封闭式海湾不得有附加温度变化。

4.3.1.2 混合区准则

适用于各种受纳水体的混合区准则：①对于所有混合区，必须规定明确的限值（如离开排放点的距离、面积或体积）；②混合区内的水质不得导致进入该区的水生生物死亡；③热排放的混合区位置不得妨碍产卵场、索饵场和鱼类洄游通道。

4.3.2 Indian Point 核电厂

4.3.2.1 NPDES 许可证要求

现有 NPDES 许可证关于温排水的规定是：

- 最大排放温度不超过 43℃；
- 4 月 15 日至 6 月 30 日，每日平均排放温度不超过 34℃；
- 当排放渠的温度超过 32.2℃时，申请者应维持排放流速不低于 3 m/s。

4.3.2.2 热影响研究和结论

20 世纪 70 年代后期，对 Indian Point 核电厂的 2 号和 3 号机组的温排水进行了详细的研究，研究包括使用 CORMIX（Cornell University Mixing Zone Model）模拟温排水近场影响；使用 MIT（Massachusetts Institute of Technology）动态网格模型（也称为远场温排水模型）模拟温排水远场影响。以稳态水流条件假设，应用 CORMIX 模拟三维温排水形态及近场温度条件，并与水质准则进行比较，考虑两种情景，即：①单一核电厂的影响（2 号和 3 号机组同时运行）。②核电厂和该河口火电厂的累积影响。

结果表明：①对于 2 号和 3 号机组，满功率运行下，落潮时 6 月和 8 月每月平均断面温度升高分别为 1.18℃和 1.59℃。平均 2.2℃温升范围占表面宽度 54%（8 月退潮）～100%（7 月和 8 月涨潮），平均断面被温排水占据的比例为 14%（6 月和 9 月）至大约 20%（7 月和 8 月）。②若考虑其他电厂（Bowline Point 电厂和 Roseton 电厂）温排水的累积影响，则 2 号和 3 号机组同时运行时每月平均断面温度升高从 6 月低潮期的 1.80℃变至 8 月涨潮期的 2.57℃。表层被温排水占据的宽度从 36%（9 月退潮）变至 100%（所有研究月中的涨潮）。在涨平潮时，表层宽度被2.2℃温排水占据的比例为99%～100%（所有研究月）。平均断面被温排水占据的比例为27%（6月退潮）～83%（8月涨潮），月平潮时，占24%。

4.3.2.3 温排水影响评价

2号和3号机组可以提高温升至一个高于水质准则的水平，这是现有NPDES许可证的一部分，但是NRC人员认为这可能存在负面影响。冷水性鱼类如大西洋鳕鱼和彩虹鱼，可能极易受到温排水导致的温度变化的影响。这两种物种的数量均在下降，尤其是彩虹鱼，在哈得逊河流中濒临灭绝。

NPDES许可证发放的基础是2号和3号机组温排水的影响能够满足适用的温度准则要求。当地环保机构当前正在对该问题进行重新测试，说明该厂址的温排水影响具有不确定性，并且该问题当前正在通过行政程序解决。在没有进行特定研究前，无充足的结果确定影响水平，NRC人员得出的结论是，温排水的影响可能是由小至大，这取决于温排水的影响范围、各种生命阶段和水生物种对温度的敏感性以及导致死亡或次死亡效应的可能性。

4.3.2.4 水质标准的执行情况

现有NPDES许可证中关于温排水的规定是：

- 最大排放温度不超过43℃；
- 4月15日至6月30日，每日平均排放温度不超过34℃；
- 当排放渠的温度超过32.2℃时，申请者应维持排放流速不低于3 m/s。

水质标准规定：

- 河口表层的水温不应在任何时刻上升到32.2℃。
- 至少50%的横截面积和/或包含在任何潮型下岸与岸之间最少1/3表面河

口的流体体积，添加人工热源后温升不得超过 2.2℃或者不超过 28.3℃。

- 7 月至 9 月，若在添加人工热源前表面水温高于 28.3℃，则不允许在河口通道的任何位置温升超过 0.8℃。

由于该电厂温排水不满足水质准则，业主将研究替代方案。

4.4 新泽西州

4.4.1 水质标准

新泽西州水质标准中的温度准则见表 4-6，不允许温排水排入湖泊、水库或池塘中，除非能够表明温排水对这些水域的指定用途是有益的。

表 4-6 新泽西州水质标准中的温度准则

<table>
<tr><th>类别</th><th>用途</th><th>温度准则</th></tr>
<tr><td>FW2-TP</td><td rowspan="3">在所有 FW2 水体，指定用途：①自然和已建立的生物群的维护、迁移和繁殖；②初级接触娱乐活动；③工业和农业用水；④传统的过滤处理后的公共饮用水供应（包括过滤、絮凝、凝聚和沉淀等一系列过程，造成大量的颗粒去除，但没有一致的化学成分去除）和消毒；⑤任何其他合理用途</td><td>每日最高温度不超过 22℃，滚动 7 天平均每日最高 19℃</td></tr>
<tr><td>FW2-TM</td><td>每日最高温度不超过 25℃，滚动 7 天平均每日最高 23℃</td></tr>
<tr><td>FW2-NT</td><td>每日最高温度不超过 31℃，滚动 7 天平均每日最高 28℃</td></tr>
<tr><td>SE</td><td>在所有 SE 水体，指定用途：①自然和已建立的生物群的维护、迁移和繁殖；②洄游鱼类的迁移；③野生动物的维护；④二次接触娱乐；⑤任何其他合理用途</td><td>不导致夏季平均温度超过 29.4℃</td></tr>
<tr><td>SC</td><td>在所有 SC 类水体，指定用途：①贝类收获；②初次接触娱乐活动；③自然和已建立的生物群的维护、迁移和繁殖；④任何其他合理用途</td><td>不导致夏季平均温度超过 26.7℃</td></tr>
</table>

4.4.2 设置监管混合区的条件

在监管混合区内水质准则可以被超越；在监管混合区的边界满足水质准则的要求；监管混合区不大于受纳水体完全混合的范围；监管混合区不得用于或被视为联邦和州的行为或其他适用的联邦或州的法律或法规所要求的最低处理技术的替代方案；对于自由游泳和漂移的生物，监管混合区应建立以确保不发生明显死亡；在个别监管混合区中，排放满足急性流出物毒性 $LC_{50}\geqslant 50\%$，被认为满足该要求；由于多个排放导致监管混合区的扩展，监管混合区的连接应进行特定厂址研究以证明没有明显死亡，考虑的因素包括时间、浓度和讨论参数的毒性。混合区外现有和指定的用途不得受到负面影响；被分为监管混合区的总面积和水体体积应被限制，使其对有利用途没有负面影响，或者不干扰重要物种生物种群和群落（例如，商业或娱乐的重要物种；或受威胁或濒危物种）；监管混合区包括抱岸温排水，不应延伸入娱乐区域、可能的表层取水（上游 1 500 ft 至下游 500 ft，或者至取水回流最远的点），贝类收获区域、濒危物种栖息地和其他重要生物或自然资源区域；监管混合区不得抑制或阻碍水生生物区系的通过；监管混合区的重叠不得抑制或阻碍水生生物的通过。

监管混合区为空间上划定最大限制区域，在该区域中发生初始混合。需要根据厂址环境特征分析确定有没有快速完全混合的潮汐水体和非潮汐水体中的稀释。

混合区的建立方法如下：

1）排放入 FW2-NT、FW2-TM 和 SE 水体：

- 任何时间不超过断面和/或水体体积的 1/4，或者任何时间不超过岸与岸之间表面的 2/3；
- 基于“一事一议”原则确定热扩散区域；

- 根据 CWA 316（a）可能会授权给排放者较大的热扩散区域。

2）排放入潮汐水体：

- 慢性水生生命水质准则和人体健康准则的监管混合区被限制为最接近海岸线的排放口到平均潮汐条件海岸线之间距离的 1/4，或 100 m，以更大的距离为准；
- 急性水生生命水质准则的监管混合区被限制在基于 EPA（技术文件：以水质为基础的毒性控制）计算的距离。急性水生生命水质准则监管混合区在任何情况下从排放点往外延伸不得超过 100 m，或是不超过在低平潮、天文大潮期间临界环境潮汐条件的水体表面总面积的 5%。

3）排放入非潮汐水体：

- 慢性水生生命水质准则和人体健康准则对应的监管混合区应基于设计流量。若是快速完全混合，则整个可获得的设计流量可被用于稀释计算；若不是快速完全混合，只有设计流量的一部分能够表明与流出物在 100 m 范围内混合，用于稀释计算；
- 急性水生生命水质准则的监管混合区应基于设计流量。若是快速完全混合，则整个可获得的设计流量可被用于稀释计算；若不是快速完全混合，只有设计流量的一部分显示在下游一定距离与流出物混合。

4）禁止建立监管混合区的情况：

- 对于 SC 水体，热扩散区域在 1 500 ft 的海岸线内。

4.4.3 Oyster Creek 核电厂

Oyster Creek 核电厂的冷却系统为一次循环冷却系统。冷却水取自海湾，首先通过分叉河下游，然后通过一条宽为 45.72 m 的取水渠进入核电厂，最终经冷凝器返回海湾中。取水渠和排水渠被一个护堤分开，稀释泵将取水渠中的水直接引入排水渠以降低排水渠中的水温。

4.4.3.1 NPDES 许可证要求

NPDES 许可证要求：①受纳水体环境水温 9 月至次年 5 月温升不应超过 2.2℃，6 月至 8 月不应超过 0.8℃，也不导致温度超过 29.4℃，除非是在指定的热扩散区域。②任何时候，流体中的热扩散（包括河口水体）不应超过 1/4 的断面和/或水体体积；任何时候，流体中的热扩散（包括河口水体）不应超过岸与岸之间表面的 2/3 区域。

2010 年的许可证草案考虑到取水卷塞和卷载的影响，要求申请者将冷却系统改为闭式循环冷却系统。2011 年，由于业主同意将在 2019 年 12 月 31 日永久性关闭电厂，而不是 NRC 运行许可证中的可延寿至 2029 年。因此当地环保机构认为考虑到运行时间有限，将现有直流冷却系统更新为闭式循环冷却系统不再是最佳实践技术了，因此提出了新的许可证草案。该许可证草案中的温排水排放口处温度要求见表 4-7。

表 4-7 Oyster Creek 核电厂 NPDES 许可证温度限值

参数	单位	平均监测期	9 月 1 日至 11 月 10 日	现有限值	最终限值	频率
取排水温度差（选项 1）	℃	月均	9.71	MR	MR	每天
		瞬时最大	13.9	12.8	12.8	
取排水温度差（选项 2）	℃	月均	11.0	MR	MR	每天
		瞬时最大	16.1	18.3	18.3	
流出物温度（选项 1）	℃	月均	24.5	MR	MR	连续
		瞬时最大	41.1	41.1	41.1	
流出物温度（选项 2）	℃	月均	23.8	MR	MR	连续
		瞬时最大	41.1	43.3	43.3	

注：MR 表示只需监测报告；选项 1 表示处在 4 台循环水泵都运行时；选项 2 表示处在当冷凝器反冲洗、取水结构的维护或应急条件下。

4.4.3.2 热影响研究和结论

采用 4 种方法分析温排水影响范围：①染色研究，以确定工程海域的海流运动特性，并预测温排水的可能尺寸和特点；②对温排水范围的研究包括使用携带拖曳式热敏电阻的船进行测量，和使用携带热红外摄像的飞机进行测量；③再循环研究，包括测量厂址附近河流的河口水温，考虑气象和厂址相关活动，以确定取水温升；④建立热扩散模型。

使用携带热红外摄像的飞机进行测量是比较好的技术。航测结果表明，温排水热羽长度和宽度常超过州水质标准，因此要求重新进行温排水研究。研究结果表明，温排水影响只限于近场区域（包括排放渠、牡蛎溪和巴内特湾临近部分），总体影响小。

4.4.3.3 水质标准的执行情况

温排水不满足州水质标准要求，需进行 CWA 316（a）热影响研究。

4.4.4 Salem 核电厂

Salem 核电厂温排水通过 152 m 的管道离岸排至取水结构的北边。排水管的大部分是埋在地下的，河口处保持在−9.5 m 的平均潮汐水平。温排水的排放与潮流方向是垂直的。在满功率运行时，温排水流量大约为 $1.2\times10^7\ m^3/d$，并以 3 m/s 的速度排放。

4.4.4.1 NPDES 许可证要求

Salem 核电厂排放口位于特拉华河口区域，在指定的散热区域（HDA）外不应超过热温升标准：河水温度非夏季时（9 月至次年 5 月）不得高于环境温度 2.2℃，夏季时（6 月到 8 月）不得高于环境温度 0.8℃，河流全年最大温度不超过 30℃。HDA 是基于“一事一议”的原则确定的。HDA 及其要求在 Salem 核电厂初始运营时已经生效，并在 1995 年和 2001 年做了修订。

Salem 核电厂的 HDA 是季节性的，夏季（6 月至 8 月）HDA 扩展到排放口上游 7 710 m 和下游 6 430 m，离航道东部边缘不小于 402 m。在非夏季（9 月至次年 5 月），HDA 扩展到排放口上游 1 000 m 和下游 1 800 m，离航道东部边缘不小于 970 m。

Salem 核电厂的 CWA 316（a）证明给出了排放温度、温排水和环境水体的温差以及从河口的取水速率。在夏季（6 月至 9 月），最大允许释放温度为 46.1℃；在非夏季（10 月至次年 5 月），最大允许释放温度为 43.3℃。全年最大允许ΔT为 15.3℃。许可证还限制了取水量每月平均值为 1.1×10^7 m^3/d。

4.4.4.2 热影响研究和结论

总结前期研究工作，当地环保机构给出结论，认为 Salem 核电厂的温排水没有显著改变水生环境。

1999 年 CWA 316（a）说明温排水的模拟扩散可以用 3 种相关联的模型进行模拟，即环境温度模型、远场模型（RMA-10）和近场模型（CORMIX）。温排水的形态是狭长的，大致依海岸线的轮廓。温排水宽度从大潮时 1 200 m 到低潮时 3 000 m 变化。温排水最大长度从上游大约 13 000 m 到下游大约 11 000 m 变化。

为了确定温排水对水生生物的影响，1968—1999 年进行了广泛研究。1995 年，通过数值模拟和统计分析说明了夏季温排水和非夏季温排水的最大尺寸，以 24 h 平均温差表示。还对 RIS 的热耐受性、热偏好以及逃避等信息进行了更新，并针对温排水对这些物种可能的负面影响进行了评价，结果表明，Salem

核电厂的温排水以及预计的HDA将不会对该河口水生生物和娱乐使用有负面影响，并且特拉华河流域委员会（DRBC）授权了HDA区域。

这些研究分析表明，Salem核电厂排放位置和设计对环境的负面环境影响是小的。分析报告指出，较高的出口速度产生快速稀释，这就将高温区限制在排放口附近一个相对较小的初始混合区域内。由于混合区内较高的流速和湍流，鱼和其他游泳生物基本上避开了这个地区。当地环保机构认为离岸排放和温排水的快速稀释，并将高温升的温排水限制在河口生产力最低的区域，使得Salem核电厂温排水的影响是小的。

在1999年的CWA 316（a）证明中，厂址所在河口生物群体分析结果表明，自Salem核电厂运行以来，河口物种组成或生物的整个丰度可观察到的改变，是在水质自然变化导致的预计的可能变化范围内。当地环保机构没有发现有害物种或耐受物种种群的增加，几乎所有RIS物种幼体的丰度均增加。海岸蓝背鲱鱼下降趋势与整个海岸范围内该物种的下降趋势一致，而与Salem核电厂的运行无关。

4.4.4.3 水质标准的执行情况

该电厂指定HDA，在HDA外满足流域水质标准要求。

4.5 马里兰州

4.5.1 水质标准

马里兰州水质标准中的温度要求见表4-8。

表 4-8 马里兰州水质标准中的温度要求

水质类别	用途	温度
I	非潮汐水生生命接触娱乐和保护	混合区外最大温度不超过 32℃
I-P	非潮汐水生生命接触娱乐和保护、公共水供应	同上
II	支持河口和海洋水生生物养殖	同上
III	非潮汐冷水体	混合区外最大温度不超过 20℃
III-P	非潮汐冷水体、公共水供应	同上
IV	休闲鳟鱼水域	混合区外最大温度不超过 23.9℃
IV-P	休闲鳟鱼水域、公共水供应	同上

温排水热混合区尺寸满足：①在淡水河流和溪流，混合区宽度不超过 1/3 的表面水体宽度；②在湖泊，所有混合区的面积不超过 10%的湖泊表面积；③在河口区域，混合区的最大断面积不超过 10%的受纳水体的断面面积。

4.5.2 Carvert Cliff 核电厂

Carvert Cliff 核电厂（CCNPP）的冷却水来自切萨皮克海湾，通过一个深度为−15 m、长度为 1 380 m 的渠道取水。水通过该核电厂大约为 4 min，然后排放至电厂北部，排放口设置在离岸 260 m、水深−3 m 处。在进水渠中设置一座幕墙，深度为−9 m，目的是使得取水大部分为底部水。

4.5.2.1 NPDES 许可证要求

NPDES 许可证要求：

在满负荷条件下，24 h 平均的 2℃温升等值线边界（在最不利潮期）的最大径向距离不得超过平均退潮潮程的 1/2。

在满负荷条件下，24 h 平均的 2℃温升等值线边界（在最不利潮期）不得超过受纳水体受影响截面的 50%。这两个截面必须处于相同的剖面。

在满负荷条件下，24 h 平均的 2℃温升的接触水底面积（在最不利潮期）不得超过底部平均退潮潮程与受纳水体宽度乘积的 5%。

当前一次循环冷却系统满足州环保机构的要求，因此没有必要根据 CWA 316（a）制定替代流出物限值。

4.5.2.2 热影响研究和结论

1979 年的温排水特性研究表明，经过冷凝器后温升为 6.7℃，CCNPP 满负荷运行时温排水量满足潮汐水体的混合区要求。

热影响特性研究的主要结论如下：

- 温排水排入受纳水体后，稀释强、混合快，温排水限制在一个较小区域；
- 温升超过 2℃的面积大约为 0.34 km^2，超过 1℃的面积大约为 1 km^2，由于大部分水生生物具有承受 2℃或以下温度变化的能力，在大部分情况下不会对生物产生不可接受的影响；
- 可能受到 CCNPP 温排水影响的 RIS 有三种：东部牡蛎、软壳蛤和蓝蟹。温排水中无夹带的东部牡蛎；温排水中若有牡蛎，则呈增长趋势；厂址附近软壳蛤数量减少难以支持商业获利；对幼体和成体蟹，热的影响是小的，幼蟹在厂址附近没有出现，所以是没有影响的；
- 该地区多数鱼类是季节性的，或是由于产卵迁移而通过该区域。具有商业和娱乐价值的物种如条纹鲈鱼、细肉鱼、竹荚鱼、斑鱼、黄花鱼、比目鱼、鲱鱼不在该区域产卵，因此，这些鱼卵不容易受到热效应。由于温度升高的面积小，不会堵塞鱼类现有的迁徙路线；
- 温排水没有引起大量物种在此过冬，电厂运行状态的突变预计不会对特有物种产生不利影响。

由上述可知温排水的影响是小的，无需减缓措施。

4.5.2.3 水质标准的执行情况

当前一次循环冷却系统能够满足要求。

4.6 弗吉尼亚州

4.6.1 水质标准

在淡水中的混合区不应超过受纳水体宽度的一半，也不得超过断面面积的 1/3。混合区扩展至下游不得超过 5 倍的受纳水体宽度。

在开放海域、河口和过渡区域，任何方向不超过从排放点至对岸之间 1/3 处的平均深度的 5 倍。

温排水混合区应基于“一事一议”的方式确定。应基于生物、化学、物理和工程证据和分析，温排水混合区范围只要能证明满足 CWA 316（a）即可。

表 4-9 给出了弗吉尼亚州不同类别水体的温度准则。除Ⅵ类水体温升不得超过 1℃外，其他水体的温升不得超过 3℃；除Ⅵ类最大小时温度变化不得超过 0.5℃外，其他水体最大小时温度变化不得超过 2℃；排入湖泊和水库的温排水，当没有分层时，温升不得高于 3℃；替代方案是温度限值满足 CWA 316（a）的要求，即能够确保受纳水体中平衡固有贝类、鱼类和其他野生生物种群的生长和繁育。

表 4-9 弗吉尼亚州不同类别水体的温度准则

分类	水域的描述	溶解氧/（mg/L）		pH	最高水温/℃
		最低	日平均		
I	开放海域	5.0	—	6.0～9.0	—
II	河口水域（潮汐水域—海岸带以下）	4.0	5.0	6.0～9.0	—
III	非潮汐水域（海岸带和山前带）	4.0	5.0	6.0～9.0	32
IV	山区水域	4.0	5.0	6.0～9.0	31
V	可饲养鳟鱼水域	5.0	6.0	6.0～9.0	21
VI	天然鳟鱼水域	6.0	7.0	6.0～9.0	20
VII	沼泽水域	*	*	3.7～8.0	**

*：无限值要求。

4.6.2 Surry 核电厂

Surry 核电厂采用一次循环冷却系统，从厂址所在半岛东部的詹姆士河绕过霍格岛的下游近岸取苦咸水，泵送至 3 km 的取水渠，重力流至冷凝器后，经过 800 m 排放渠（填石防波堤将排放渠向河延伸 340 m），将温排水送回取水点上游 10 km 处。

温排水的影响：进行了 5 年的综合性研究（2 年运行前、3 年运行后）表明温排水维持在近岸区域，并且在退潮时延伸至霍格角（位于霍格岛的最北点）附近，在涨潮时热羽向上游扩展并离岸。排放口附近温升 2.8℃的区域覆盖 30%的河水表面。随着与排放口距离的增加，温升迅速下降，在混合区（排放口外 914 m 范围）外的温度很少超过 2.8℃。该核电厂附近幼鱼种群保持相对多样、稳定的状态，温排水对鱼类群体没有造成明显的伤害。NRC 人员认为温排水的影响是小的，无须采取缓解措施。

4.7 北卡罗来纳州

4.7.1 水质标准

北卡罗来纳州水质标准中没有混合区尺寸的具体要求，不同类别水体的温度准则见表 4-10。

表 4-10 北卡罗来纳州不同类别水体的温度准则

水质类别	温度要求
C	温升不超过 2.8℃，并且对于山区和山麓上水域任何时候不超过 29℃，对于山前平原和沿海平原水域任何时候不超过 32℃，鳟鱼水域的温升不得超过 0.5℃，并且任何时候不超过 20℃
SC	6 月至 8 月温升不应超过 0.8℃，其他月份不应超过 2.2℃，并且任何时候不超过 32℃
SB	与 SC 相同

4.7.2 Brunswick 核电厂

Brunswick 核电厂（BSEP）位于北卡罗来纳州费佛角河河口，包含两台 BWR 机组，分别于 1976 年和 1974 年投入商运、于 2016 年和 2014 年达到寿期，执照延寿已于 2006 年 6 月 26 日获得批准。

BSEP 从费佛角河河口取水，并将温排水排放至大西洋。水取自费佛角河河口，而后通过滤网，在重力作用下水从费佛角河处的滤网出发流经 5 km 长的取水渠至电厂。在电厂，冷却水通过 8 个取水湾（每台机组 4 个湾）联合吸入水。每个湾有垃圾格栅、滤网和取水泵。对于一台机组，两个湾用细孔（1 mm）滤网，其他两个湾用半细网格（9.4 mm）的滤网。典型的情况是，每个机组运行时使用两个细孔滤网的湾和一个半细孔滤网的湾。在滤网是撞击的生物被冲洗到一个槽中，进入一个支撑盆中，而后排放到厂址周边溪流，最终流入费佛角河。

经过电厂冷凝器后的温排水，被释放入 10 km 长的排水渠中，通过重力流至消力池，然后通过泵将温排水送至 609.6 m（2 000 ft）处埋在沉积物中排放管道，离岸排放至大西洋中。

4.7.2.1 NPDES 许可证要求

Brunswick 核电厂的温排水通过两根直径为 4 m、长为 609.6 m（2 000 ft）的埋管排入大西洋，排放深度为 3 m。在排放管附近的海底是沙地，没有天然的吸引鱼的硬底露出。底部没有植被覆盖，并且该区域有强烈的西向和南向沿岸流。2003 年的 NPDES 许可证制定了 BSEP 温排水的温度限值和监测要求，该许可证允许功率提升 10%～15%，导致排放温度增加约 2.3℃。

当前 NPDES 许可证的温度限值是基于 NC 法规“类别 SB 水体潮汐咸水水质标准”。2003 年的 NPDES 许可证指出：海洋水温度 6 月至 8 月不得高于环境温度 0.8℃，9 月至 5 月不得高于环境温度 2.2℃。在大约 809 hm^2 的混合区中，只允许一个小面积（水面 120 ac，底部小于 1/40 英亩）温升高于 3.9℃。除混合区外，在水面下 1 m（3 ft）处任何时候都不得超过 32℃。

4.7.2.2 热影响研究和结论

该电厂每半年进行一次温度监测，4 月至 11 月进行第一次监测，11 月至次年 3 月进行第二次监测，取样时要求每个反应堆功率在 85%以上。到目前为止，达到或接近全功率的直流冷却方式情况下，该核电厂一直能达到温度标准要求。

1975—1979 年进行的热研究，对排放口周围 941 hm^2 的 27 个站位进行了每月水温的测量。研究表明，只有在两台机组满功率运行时，能通过布点网格监测到温排水，风、波浪和潮流共同作用使温排水迅速混合。

虽然排放口附近有很多水生生物，但较小的温升不会导致水生生物发生明显的变化；此外，除浮游植物以及固着生物外，大部分生物可避开排放区域，故该厂址的温排水影响小。

混合区外满足水质标准。

4.8 佛罗里达州

4.8.1 水质标准

佛罗里达州针对不同的水体，制定了不同的温度限值。

1）淡水水体。

在排放口处的温升不得高于2.8℃。在任何时候，所有水流条件下，应可控制排放温度而使得热羽不超过水流宽度的2/3，并且不超过1/4的水流断面面积。任何湖泊或水库在排放口温升不得超过1.8℃，并且不应往北部排放水温高于32.2℃的温排水，在半岛地区，温排水水温不得超过33.3℃。

2）滨海水体。

6月至9月，在排放口处的温升不得高于1.2℃；其他季节温升不得高于2.4℃。此外，6月至9月，温排水水温不得高于33.3℃；其他季节温排水水温不得高于32.2℃。

3）开放水体。

沿着开放或闭式管道往开放水体排放温排水时，基于如下限制，排放口处的温升不得超过9.5℃，表面水温不应高于36.1℃，排放口应离岸足够远以确保临近海岸水体不被加热而超过允许的温度要求。

4）冷却池。

从冷却池排放的温排水水温要求取决于受纳水体的要求。

上述规定的温度限制概况如表 4-11 所示。

表 4-11 佛罗里达州水质准则的温度要求

区域	河流	湖泊	海域		
			夏季	其他季节	开放海域
北部区域	最高 32℃	最高 33℃	最高 33.3℃	最高 32℃	最高 36.1℃
	环境水温 +2.8℃	环境水温 +1.7℃	环境水温 +1.1℃	环境水温 +2.2℃	环境水温 +9.4℃
半岛地区	最高 33.3℃	最高 33.3℃	最高 33.3℃	最高 32℃	最高 36.1℃
	环境水温 +2.8℃	环境水温 +1.7℃	环境水温 +1.1℃	环境水温 +2.2℃	环境水温 +9.4℃

非循环冷却系统的新源的温排水混合区应建立在 CWA 316（a）证明文件基础上，确保对平衡固有贝类、鱼类和其他野生生物的生长和繁殖的保护。并且该证明没有被反驳。

现有源循环冷却系统下泄流排放以及非循环冷却系统排放的混合区，应建立在受纳水体物理和生物特性的基础上。

4.8.2 St. Lucie 核电厂

St. Lucie核电厂位于佛罗里达州哈钦森岛，包含两台PWR机组，分别于1976年和1983年投入商运、于2016年和2023年达到寿期，执照延寿已于2003年10月2日获得批准。

排放渠将电厂的温排水传输到东部端点处的两根排放管中，两根排放管穿过海滩和沙丘将温排水排放到大西洋。第一根管是 1975 年建成的，管径

3.7 m，延伸到离岸 460 m 处，端点为两个 Y 形端口；第二根管设置于 1981 年，两台机组运行时使用，管径 4.9 m，延伸到离岸 1 040 m 处，端点为多端口的扩散器。Y 形端口和多端口的扩散器确保水的快速混合。最终环境影响声明中的模拟结果显示，1 号和 2 号机组 1.1℃等温线温排水面积分别为 73 hm^2 和 71 hm^2。

温排水温度限值是由 St. Lucie 核电厂 1 号和 2 号机组工业废水设施许可证约束的。这些限值包括当正常运行时，来自扩散器的温排水（在排放口附近测量）不超过 45℃，或者温升不超过 16.7℃；在一定的维护操作过程中，当节流循环水泵以减少氯的使用，且清洗循环水系统时，允许的最大温度限值为 47.2℃ 或温升为 17.8℃。

研究表明，从扩散器往外受浮力作用影响温排水水团快速上升，表层的温度低于 36℃，即水质标准中开放海域的温度限值。温排水对底栖生物、浮游生物以及游泳生物（鱼和海龟）群体的影响被评价为小的；对底栖群体的冲刷、对浮游生物（包括鱼卵和仔鱼）的卷载或对成鱼、乌龟孵化的热冲击没有明显影响。

温排水符合佛罗里达州的水质标准，温排水影响是小的，无需新的缓解措施。

4.8.3 Crystal River 核电厂

Crystal River 核电厂（CREC）位于佛罗里达州，其包含两台火力发电机组（1 号和 2 号机组）以及一台 3 号 PWR 核电机组，1 号至 3 号机组采用直流冷却方式；另外还有两台火力发电机组 4 号和 5 号机组，使用闭式循环冷却技术。3 号核电机组 1977 年投入商运，2017 年达到寿期，申请者于 2013 年 2 月 6 日撤回了延寿申请。

3 号机组采用直流冷却系统，从墨西哥湾取水，并将温排水排入该海湾。其有两种运行模式：直流冷却无冷却塔模式和直流冷却带有机械通风冷却塔模式。申请者选择运行模式以使得排放口（POD）的温排水满足 NPDES 许可证温度限值。

在运行设计能力方面，1 号到 3 号机组通过冷凝器温排水的温升分别为 8.3℃、9.4℃和 9.7℃。1 号到 3 号机组温排水排至厂址北部 38 m 宽的排放渠中。排放渠向西延伸 2.6 km 进行排放。排放渠及其相应的南堤从排放口额外往西延伸 1.9 km，堤是由排放渠建筑垃圾建成的。1 号到 3 号机组在最大泵容量下运行时，低潮位下排放渠的流速是 0.7 m/s。疏浚维持排放渠的深度为 3 m。

排放渠的水是 4 号、5 号机组冷却系统的上冲水。这些机组的取水泵位于排放渠的北侧、1 号机组排放西边 274 m 处。4 号、5 号机组的联合下泄渠也是在排放渠的北部，并且位于两个机组取水泵的东边 427 m。下泄渠位于冷却塔上游 518 m。冷却塔由 4 个永久冷却塔（36 个单元）和 67 个模块化冷却塔组成。

NPDES 许可证规定了 1 号到 3 号机组在排放口处的温度限值。排放口处的排放温度不得超过 35.8℃（3 h 的滑动平均值）。4 个永久性冷却塔的联合流量是 43.2 m^3/s，设计的热扩散速率为 4.82×10^9 kJ（4.569 billion Btu/h）。每个单元的水流量为 1.2 m^3/s，并且热扩散速率为 1.34×10^8 kJ（0.127 billion Btu/h）。现有辅助塔的蒸发损失为 0.63 m^3/s。额外的 67 个模块冷却塔用于永久冷却塔之后，用于当不减少 CREC 发电量时排放口温升可能超过限值的情况。一般在 5 月 1 日至 10 月 31 日，永久冷却塔和模块化冷却塔同时运行。

1 号到 3 号机组温排水面积如表 4-12 所示，实际测量显示热影响被限制在排放口以外 3.5 km 范围内，覆盖面积小于 9.71 km^2。在 9.71 km^2 范围受温排水慢性热影响。最值得注意的是影响海草，虽然温排水区域光照强度、盐度变化和悬浮固体负荷也影响海草生境。NRC 认为影响为小到中等水平。

表 4-12 预计添加了 3 号核电机组后的温排水面积

温升	面积/英亩①		
	涨潮	落潮	整个潮周期②
0.6℃	2 860（1 230）	3 770（1 620）	4 600（2 350）
1.1℃	2 100（870）	2 760（1 140）	3 500（1 700）
2.2℃	1 350（420）	1 750（650）	2 300（1 050）
3.3℃	730（200）	1 130（360）	1 500（510）
4.4℃	400（90）	740（160）	950（220）
5.5℃	220（—）③	430（—）	500（—）

注：①换算成公顷，需乘以 0.404 7；
②括号内的面积为 1 号和 2 号机组的热羽面积；
③ —表示未提供。

4.9 加利福尼亚州

4.9.1 水质标准

表 4-13 给出了加利福尼亚州水质准则的温度要求。

表 4-13 加利福尼亚州水质准则的温度要求

水体类型	现有排放源	新源
州内淡水水体	①温升高于 2.8℃的流出物禁止排放； ②温排水不得导致州内温水水体温升超过 2.8℃； ③科罗拉多河——温排水不应导致科罗拉多河温升高于 2.8℃或者哈瓦苏湖温升高于 1.6℃，假设这些温升不会导致科罗拉多河每月最大温度超过如下数值：1 月 15.6℃、2 月 18.3℃、3 月 21.1℃、4 月 23.8℃、5 月 27.8℃、6 月 30℃、7 月 32.2℃、8 月 32.2℃、9 月 32.2℃、10 月 27.8℃、11 月 22.2℃和 12 月 18.3℃； ④罗斯特河——温排水排放入罗斯特河，当受纳水体温度低于 16.7℃时，不应导致受纳水体温升超过 1.2℃；当受纳水体温度超过 16.7℃时，不应导致受纳水体温升超过 0℃	

水体类型	现有排放源	新源
滨海水体	温排水应满足限值，以确保对特殊、重要区域的保护	①温排水应排放入开放海域，远离岸线； ②温排水的排放应远离具有特殊生物学意义的区域，以确保这些受保护地区的自然水温保持不变； ③温排水最大温升不应超过 11.1℃； ④在岸线、任何海域基底表面或海洋表面温排水的排放不应导致自然水体温升超过 2.2℃范围超过 304.8 m（1 000 ft）。表面温度限值维持至少50%的任何完整的潮汐周期的持续时间
封闭海湾	温排水应满足限值，以确保对有益用途的保护	①热废水排放应满足确保有益使用的限值，最大温升不应超过 11.1℃； ②最大温升超过 2.4℃的温排水禁止排放
河口	①温排水应满足： 最大温升不得超过 11.1℃； 温排水不应形成温升高于 0.6℃区域超过 25%的河流断面面积； 排放不应导致表面水温升大于 2.4℃； ②温排水最大温度不应超过30℃	最大温升超过 2.4℃的温排水禁止排放

4.9.2 Diablo Canyon 核电厂

Diablo Canyon 核电厂（DCNPP）位于加利福尼亚州太平洋岸边，包括两台压水堆，分别于 1984 年和 1985 年投入商运，于 2024 年和 2025 年运行许可到期，延寿申请正在 NRC 的审核中。

排水结构：温排水在重力作用下从提升的汽轮机厂房流至排放口结构中。在排放口结构中，温排水流过在横向平台安装垂直冲击块的 3 个堰后（增加混合和减少进入水体的氧化物量），进入大海表面。

4.9.3 San Onofre 核电厂

San Onofre 核电厂（SONGS）位于加利福尼亚州太平洋岸边，包含三台压水堆，分别于 1976 年、1982 年和 1983 年投入商运，预计于 2007 年、2022 年和 2023 年运行许可到期。当前是永久关闭、计划退役的状态。

所有三台机组使用的是一次循环冷却系统，从太平洋通过淹没式速度盖取水结构吸入水，取水结构离岸 900～980 m，在水下 9 m 处。在正常运行期间，1 号机组取水 22 m^3/s，通过电厂温升为 10℃。2 号和 3 号机组的每台功率为 1 070 MWe，每台取水大约 50 m^3/s，温升为 11℃。1 号机组排放通过一单根立管在水深 7.6 m 离岸 762 m 处排放。2 号和 3 号机组通过顺序排列的 760 m 的扩散器，分别离岸约 2 500 m 和 1 800 m 排放。

4.10 明尼苏达州

4.10.1 水质标准

明尼苏达州混合区的建立应基于如下条件：

①河流混合区应允许迁移鱼类通过；

②总的混合区的断面不应超过水流断面的 25%，并且不应超过宽度的 50%。

③混合区不导致水生生物死亡；

④混合区应尽量小，不影响产卵场或繁殖区域、取水及河口。

⑤混合区的叠加应最小，并采取措施防止不利的协同效应。

水质准则的温度要求见表 4-14。

表 4-14 明尼苏达州水质准则的温度要求

类别	温度上限（每日平均温度）	ΔT（以每日最高气温的月平均为基础）
Class 2B	30℃	河流：2.8℃ 湖：1.7℃
Class 2C	32.2℃	河流：2.8℃ 湖：1.7℃

4.10.2 Prairie Island 核电厂

4.10.2.1 NPDES 许可证要求

Prairie Island 核电厂（PINGP）位于明尼苏达州密西西比河边，包括两台压水堆机组，分别于 1973 年和 1974 年商运，并于 2013 年和 2014 年运行许可证到期，已于 2011 年 6 月 27 日获得许可证延寿许可。

PINGP 1 号、2 号机组为两台压水堆核电机组，采用集成冷却方式，包括三种运行模式：开放循环（一次循环冷却，不使用冷却塔）、辅助循环（一次冷却，使用机械通风冷却塔）和闭式循环（使用冷却塔循环 95%的冷却水）。每台机组的热功率为 1 650 MWt，输出电功率为 575 MWe。

排放井接受所有冷凝器的冷却水，冷却水的来源取决于冷却系统的运行模式。在一次循环时，温排水流过分配井，进入排放渠，而后回到密西西比河。在闭式循环时，温排水被泵送到冷却塔中，然后进入分配井。在辅助循环时，分配井将温排水排至排水渠，再排入密西西比河。

温排水通过 4 个 3 m×3.4 m 开口，进入 4 个电机驱动的闸门，之后进入排放管。闸门与 4 根排放管连接，直径分别为 1.5 m、1.8 m、2.1 m 和 2.4 m，并用于不同的组合，而达到理想的排放速率。使用最小直径的管道时，排放速率为 4 m^3/s，若 4 根管都用，则最大排放速率为 39 m^3/s，水排放流速为 3.1 m/s。

表 4-15　PINGP 1 号和 2 号机组冷却模式要求

时间	措施
4 月 1 日到秋季节点	必要时使用冷却塔，以便： —受纳水体的温度不超过周围环境的 2.8℃； —冷却水排放不会导致日平均水温达到 30℃； —如果连续两天日平均水温达到 26℃，所有的冷却塔都将投入运行，以最大限度地降低热量排放
秋季节点到 3 月 31 日	如果连续两天日平均水温达到 6℃，需要使用冷却塔或其他措施降低水温

说明：
①相关措施从 4 月 1 日开始实施，如果日平均河水温度连续 5 天超过 6℃，也可能开始得更早；
②秋季节点是指上游河水温度连续 5 天低于 6℃；
③环境水温基于河流上游的监测以及大坝下游 3 个监测点的月平均最高日水温

许可证指出，每日平均温度应低于 30℃，受纳水体的温升不超过 2.8℃。当环境水温连续两天超过 26℃时，所有冷却塔均应最大程度运行。

4.10.2.2　温排水影响研究及结论

通过二维数值模拟和三维数值模拟的方法对典型条件和极端条件下的温排水进行模拟。共进行了 61 种情形的模拟，其中 13 种模拟的温排水超过了提出的 NPDES 许可证温排水限值，并且其中 11 种为典型的环境条件。因此，CAW 316（a）证明指出为满足 NPDES 许可证热准则而进行温升变化是必要的。建议的温度变化是从 10 月至次年 3 月延伸混合区的边界。CAW 316（a）证明的结论是 PINGP 的温排水将不会对任何水生生物造成明显伤害，能确保平衡固有生物的生长和繁殖。

4.11 俄勒冈州

4.11.1 混合区规定

环境质量管理部门可允许指定的受纳水体部分作为废水稀释以及与受纳水体完全混合的区域，该区域将被定义为混合区。

在符合下列条件的情况下，可以暂停所有或部分水质标准，或在规定的混合区内设置较少的限制性标准：

1）点源的混合区不能导致以下任何一种情况。

①物质的浓度将导致对水生生物的急性毒性。急性毒性对水生生物是致命的，急性毒性通过急性生物测定试验与流出物中生物全部死亡之间的显著差异得到。流出物中生物全部死亡是被允许的，只要能表明流出物中的氨、氯等在混合区内得到立即稀释，毒性减小至死亡浓度以下。若有适当的其他参数，部门可基于“一事一议”原则建立立即混合区域；

②可导致令人不快的沉积物质；

③漂浮的碎片、油、残渣或造成其他有害的条件；

④导致大量有害的真菌或细菌生长。

2）点源的混合区不能导致混合区边界外区域产生以下任何一种情况。

①物质的浓度将导致慢性（亚致死）毒性。例如，在测试期间基于测试物种的生命周期，水生生物的生长或繁殖显著受损。需在废水排放许可证中说明该物质的排放程序和结束点；

②在正常年低流量条件下超过任何其他水质标准。

3）在废水排放许可证中必须描述混合区的限制。

在确定混合区的位置、表面积和体积时，应使用合适的混合区导则，评价受纳水体、流出物以及最合适排放口的生物、物理和化学特点，以保护流体的水质、公众健康以及其他有益的用途。基于受纳水体和流出物的特点，将在废水排放处确定一个混合区，满足：

①尽可能小；

②避免与任何其他混合区在一定程度上的重叠，并小于允许鱼和其他水生生物通过所需的总流宽度；

③最小化对土著生物群落造成的不良影响，尤其是当需要特别保护这些生物群落的经济重要性、群落意义、生态独特性或其他类似的理由，不能阻止水生生命的自由通行；

④不威胁公共卫生；

⑤对混合区外其他指定有益用途的不利影响最小化。

4）温排水温度限制。

基于授权的温度混合区以及流出物限值的建立，在混合区内需防止或最小化以下对鲑鱼的不利影响：

①鲑鱼产卵场位于或可能位于的区域，对活跃的鲑鱼产卵场的损害。通过限制鲑鱼和虹鳟（鲑科，冷水性塘养鱼类）暴露到温度为13℃或低于该值，限制鳟鱼（鲑鱼的一种）暴露到9℃，以防止或最小化负面影响；

②通过限制潜在的鱼暴露到32℃或更高温度低于2 s，来防止或减少急性损伤或瞬时致死性；

③水体在100%的7Q10低流量下，通过限制潜在的鱼暴露到温度25℃或更高至小于5%断面，以防止和最小化突然增加水温导致的热冲击；当地环保机构可能制定额外的暴露时间限制，以防止热冲击；

④除非环境温度是 21.0℃或更高，通过限制潜在鱼暴露到温度 21.0℃或

更高至低于 25%的断面，该断面是 100%7Q10 低流量水体时的断面，以防止或最小化迁移阻塞。

5）可要求许可排放的申请者提交确定混合区所需所有信息。

例如：

①要进行的操作类型；

②流出物流量和组成的特点；

③受纳水体低流量的特点；

④潜在的环境的描述；

⑤排污口结构建议的设计。

6）必要时，当地环保机构要求进行混合区监测研究和/或进行生物测定，以评价混合区边界内外的水质或生物状态。

7）如果当地环保机构认为混合区内的水质对受纳水体中任何现有的有益用途存在不利影响，则可能会改变混合区的限制或需搬迁排污口。

4.11.2 混合区内部管理指令

混合区内部管理的指令（IMD）的目的是协助管理部门人员在间歇或连续废水排放 NPDES 个体许可证中，设置监管混合区。该 IMD 有效实施日期是 2012 年 6 月 1 日。所有在此日期后收到的申请必须根据 IMD 中的要求说明如下问题：根据州和联邦法规，设置和划定监管混合区的详细的必要步骤。

4.11.2.1 监管混合区的背景

（1）监管混合区的定义。

监管混合区（RMZ）是 NPDES 许可证定义的区域：

①初始稀释排放在受纳水体中混合；

②在多个条件满足的情况下，排放的下游短距离可超过水质标准（第 3 部分，RMZ 规定要求和尺寸导则）；

③被指定的混合区对人体健康、水生栖息地和整个水体的保护。

图 4-1 给出了河流中 RMZ 的例子。值得注意的是，混合区也可被定义为排放发生混合的区域。立刻稀释区域（ZID）也将在 RMZ 的组成中讨论。

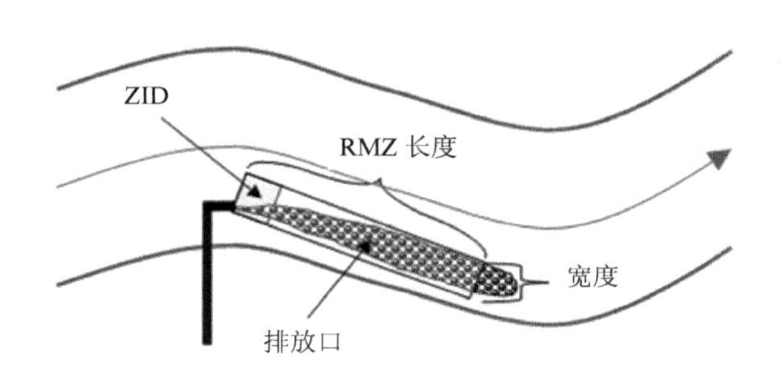

图 4-1 河流的 RMZ 例子

（2）监管混合区的环境影响。

环保机构允许监管混合区存在一个较小的影响，如 EPA 的 WQS 手册（1994 年 8 月），敏感物种难以长期居住在 RMZ，对于可以继续居住在 RMZ 中的物种，条件可能不足以确保生存、生长和繁殖。

为了最小化可能的影响，在临界受纳水体条件下（例如，低流量条件），厂址特定物理混合过程被评价，州和联邦的要求和导则被用于设置合适尺寸的 RMZ。例如，避免 RMZ 接触到底部底栖生物生活的区域。此外，EPA 的手册指出，当 RMZ 总的影响面积与水体总面积比很小时，水体的整体性得以保护。

（3）监管混合区的组成。

一个典型 RMZ 包括“慢性”和“急性”混合区（图 2-1），在慢性混合区边界处需满足慢性混合区准则，在急性混合区边界处需满足急性混合区准则。

如NPDES许可证所述，慢性混合区是整个RMZ包含的区域。在RMZ外头，水生生命和人体健康的水质准则都应满足。虽然一些情况下，RMZ可能根据不同的参数划定。在RMZ中，水生生命和人体健康的慢性准则可能被超越，假定维持一系列的保护以及RMZ的尺寸能够维持整个水体的功能。

急性混合区也称为“立即稀释区域”（ZID），紧临排放口在RMZ范围内。在该区域急性水生生命水质准则和慢性水生生命水质准则可被超越；然而，必须限定尺寸，通过ZID的水生生物漂移时间低于导致死亡的水平。

（4）监管混合区的管理。

EPA允许各州采用自己的混合区规定。这些州的规定接受EPA的审核和许可。俄勒冈州的混合区规则已经被EPA认可。

4.11.2.2 监管混合区的设置

许可证书写者根据排放监测、水质评估和流场建模更加细化的资料确定监管混合区。

在设置新的混合区或对现有混合区重新评价前，根据抗降级政策以及最高最好的可行处理要求，须说明关键问题。如下给出了俄勒冈州抗降级政策实施的内部管理说明（IMD，2001年3月）。一旦满足了抗降级政策要求，许可证书写者可考虑设置一个RMZ。

（1）抗降级政策。

抗降级政策一般要求对排放入地表水进行回顾，以确保现有水质没有降级，除非是经济和社会效益所需的。对于新的许可证，低于现有水质时，要求深度回顾以确定可能导致降级的排放是否有经济和社会效益。对于许可证的更新，若许可的污染物的质量负荷增加，或者为支持新源的排放导致混合区增加，则要求进行深度回顾。

（2）最高最好的可行处理要求。

对排放物、排放活动和排放量进行最高最好可行处理，以维持整个水质在最好的水平，有害因子（如温度、毒性）维持在最低的水平。基于“一事一议”原则对其进行评价，并且额外的州或联邦法规可能适用，地方环保机构一般要求达到处理的最小水平，并且工业点源基于处理技术和应用如下：

- 对于生活污水厂或者公共处理厂（污水处理厂），最高最好可行处理是进行相当于二级处理的所有过程。EPA 建立了要求的性能水平。
- 对于工业设施，最高最好可行处理是能够满足相当于 EPA 基于技术流出物限值导则（ELG）的所有过程。对于没有建立 ELG 的工业类别，当地环保机构使用最佳专业判断以建立恰当的流出物限值。

注意：EPA 的基础流出物限值没有对水质进行考虑。他们要求市政和工业设施进行最低水平的处理。基于水质流出物限值仍是必需的，以保护水体以及这些限值所需要的高水平的处理。

（3）混合区设置的基本过程。

第一步对流出物排放进行合理潜力分析（RPA），以确定申请者流出物在管道排放口处是否可能超过水质准则。

若流出物在管道排放口超过了水质准则，而且抗降级政策以及最高最好可行处理要求已经得到满足，则可以考虑设置一个 RMZ。基本的设置过程如下：

①回顾混合区研究提供的信息。

②确定 RMZ 是否可被设置。如果有环境容量并且允许设置 RMZ，应给出 RMZ 的物理限制以及可行的稀释因子。该稀释因子将被用于合理的潜在分析以制定许可证的流出物限值。即使有足够的环境容量并且允许设置一个混合

区，其他替代方案也应该被考虑。

③在推荐的许可证中以及支持设置评价报告中描述 RMZ 的物理限制（如长度、宽度）。

（4）新的许可。

允许在新许可中设置 RMZ 的步骤如下：

①是否在管道排放口超过水质准则；

②受纳水体是否有容量/能够稀释；

③已经开展了合适水平的混合区研究；

④回顾混合区的研究；

⑤RMZ 的尺寸要求和导则被用于制定混合区模型的输入；

⑥利用混合区模拟研究获得的稀释因子进行合理的潜力分析；

⑦RMZ 外排放满足水质准则；

⑧预设的 RMZ 对流体水质、公众健康和水体指定的其他有益用途的保护；

⑨在推荐的许可中设置 RMZ，在评价报告和预设的新许可中记录设置。

4.11.2.3 监管混合区的尺寸导则

（1）监管混合区尺寸的总结。

表 4-16 总结了 2007 年该州平均 RMZ 尺寸，虽然每个 RMZ 尺寸是根据水力、环境以及提供的条件确定的，该表可作为导则辅助评价与州平均值的比较。

注意：可以预期的是，本书列出的方法实施将导致减小 RMZ 的尺寸，而不是增大这些值。

表4-16 平均RMZ尺寸

<table>
<tr><th colspan="2">水体类型</th><th>RMZ长度/ft</th><th>宽度</th></tr>
<tr><td rowspan="4">河流或溪流（宽度/ft）</td><td>＜31</td><td>60</td><td rowspan="4">＜25%的河流或溪流的断面面积，以允许鱼通过；不应延伸到河流或溪流口</td></tr>
<tr><td>31～100</td><td>100</td></tr>
<tr><td>101～200</td><td>110</td></tr>
<tr><td>＞200</td><td>200</td></tr>
<tr><td>河口</td><td colspan="3">在任何水平方向上＜300 ft</td></tr>
<tr><td>海洋</td><td colspan="3">在平均低低水位＜500 ft</td></tr>
</table>

（2）监管混合区尽可能小

RMZ应尽可能小，包括：

①使用最佳可行处理技术，并且是经济可行的。

②使用最佳、最经济的设计并设置排放口，以进行充分混合而避开敏感地区；

③满足其他RMZ规定的要求。

4.11.2.4 立即稀释区域

（1）何时允许立即稀释区域。

排放可能超过急性水生生命水质准则时，若能表明这个排放不会导致水生生物的急性死亡，则允许急性稀释区域。如下的EPA手册中尺寸导则被用于制定立即稀释区域。

（2）EPA导则。

EPA强调必须建立混合区，以确保生物通过RMZ时没有死亡。快速稀释对于该努力是很重要的。因为其快速减小RMZ中污染物浓度，这将导致生物可以较少暴露到高污染浓度。此外，为了保护水生生物，并且防止生物通过超过急性水生生命水质准则的ZID时死亡。EPA手册推荐，在从排放口开始短的距离和时间框架内满足急性水生生命水质准则。

（3）尺寸导则。

EPA 手册说明，混合区内浓度和水力停留时间的充分分析应表明，生物漂移通过温排水中线，沿着最大暴露途径，将不会导致 1 h 的平均暴露超过急性水生生命水质准则的浓度，若 1 h 平均暴露不超过急性水生生命水质准则，一般通过急性混合区的时间必须低于 15 min。这将转化为 ZID 的一个特定尺寸要求。此外，手册提供了如下导则：

1）高速排放。

对于高速排放的初始速率为 3 m/s 或更快，限制 ZID 至任何方向 50 倍的排放长度尺度（排放长度尺度=管道或端口的横截面面积的平方根），应确保在几分钟内在几乎所有的条件下满足准则最大浓度（CMC）。

2）低速排放。

较高的流速排放提供较好的混合，并且更恰当；然而，低流速排放可仍然存在。应满足下列条件的最严格的低速排放：

在任何空间方向，应在从排放结构边缘至 RMZ 边缘距离的 10%内满足急性水生生命水质准则。

注意：这一般是最为保守，但应将证明记录到许可评价报告中。

在任何方向，在一个距离 50 倍排放长度尺度（排放长度尺度被定义为排污管或单个排放口的横截面面积的平方根）的距离应满足急性水生生命水质准则。

急性水生生命水质准则应满足在任何水平方向上从排放口至 5 倍的当地水深的距离满足急性水生生命水质准则。

3）其他。

排放者可提供数据或模拟分析，展示一个漂移的生物不会被暴露到超过

CMC 的 1 h 的平均浓度。在代表临界流的环境条件下，应收集数据。

应进行计算模拟、染色研究或监测研究，以提供信息满足如上 2）和 3）。

4.11.2.5 混合区模拟

（1）混合区的模拟分析。

混合区模型不是总能模拟排放条件，稳态模型在如下情况不适用：

- 浅流的非均匀流。其中的流体底质（如岩石、巨石、原木）阻碍水流。这种情况下，简单地使用电导率仪的现场实测可能就已足够。它需要在近似临界条件下进行。
- 受潮汐影响的水体。这是高度动态的，随着潮流的变化可能会出现流出物温排水的回流。

像河口这种高度动态的系统需要使用动态模型。这些模型有能力模拟两维和三维的不稳定流。这种模拟很复杂并且需要大量的数据，包括进行用于校准和验证模型的现场测量。整个潮汐周期的现场染色研究以及稳态建模也可能是可行的。

注意：在潮汐周期中几种情况下可能需要建模。

应进行模型敏感性分析。

（2）模拟时预期的努力水平。

不同类型的排放预期的努力水平与排放被分为简单（水平 1）、中等（水平 2）和复杂（水平 3）类型有关。一般对每个水平的预期如下：

- 水平 1：

使用设计条件和可用的数据进行建模，无须现场采样或进一步校准模型是可以接受的。在一些情况下，环境-诱导混合方程可以用来预测在 ZID 和 RMZ 边缘的稀释。

● 水平 2：

使用设计条件和可用的数据建模是可接受的，但希望一些现场采样收集模型输入数据。对于各种输入参数，应进行敏感度分析以确定模型敏感度。

● 水平 3：

使用现场数据校准或验证模型是必要的。表征现场稀释数据应基于部门许可的临界条件（临界条件下的示踪研究）。如果这些时间段是重要的，在非设计条件下的现场研究也可能是必要的。

注意：混合区模型不总是能够充分模拟排放条件。很多模型是不恰当的，尤其是当排放在浅水非均匀流中或者潮汐影响的水体中。

（3）需要的信息类型。

一般需模拟每个临界流条件，然而在一些情况下，临界条件变化不显著（例如，在大型水流中 1Q10 或 7Q10），于是模拟较少的条件是可接受的。在每个条件模拟时需要如下信息以评价模拟分析：

①使用模型的版本数以及选择模型的原因。若大于一个模型被使用，或者在远场分析和近场分析中使用不同的模型，应给出解释。

②使用的模型输入参数的描述。

③在近场和远场中发生的物理混合的描述，包括：

a. 什么时候温排水与表面或其他边界条件作用（水平 1 和水平 2）；

b. 近场动态附着（例如，若温排水附着流体底部）（水平 2 和水平 3）；

c. 与表面和底部的相互作用相关的近场不稳定性地发生；局部再循环单元延伸过整个水体深度的发生（水平 2 和水平 3）；

d. 温排水失去了最初的势头，并开始远场的位置（水平 2 和水平 3）；

e. 温排水的分层（水平 2 和水平 3）；

f. 在三维上温排水的形状（水平 2 和水平 3）；

g. 是否有任何上游浮力的干扰（水平 2 和水平 3）。

④预测许可证确定的 ZID 边界“最小中心线”稀释，以及许可证确定的 RMZ 边界平均通量稀释。对于一个新排放，ZID 和 RMZ 还未被确定，基于预期的 ZID 和 RMZ 尺寸的预期稀释是可接受的。

a. 中心线稀释：在流出物的中心线的稀释是最小的，流出物浓度是最大的。在 ZID 边界处中心线稀释适用于急性水生生命水质准则。

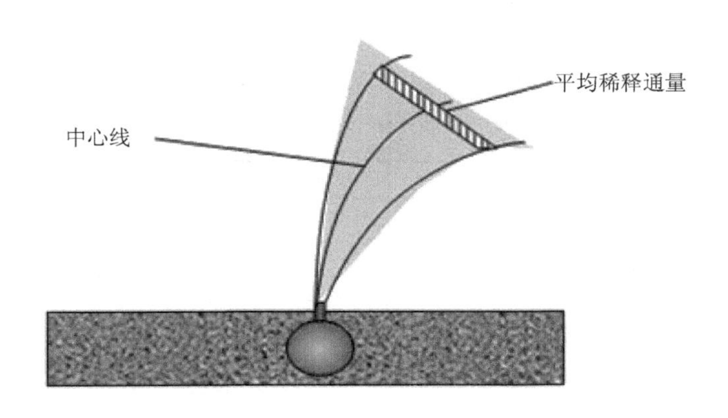

图 4-2　中心线和平均稀释通量

b. 平均通量稀释：该值是流出物的整个断面的平均稀释。在 RMZ 边界，通量平均稀释适用于慢性水生生命水质准则和人体健康准则。

⑤需要关于模型结果的下列信息：

每个提供的临界条件和流量统计的建模方案的列表。

⑥对于每个建模方案，显示建模结果的汇总表，包括运行模型所需的所有输入参数和为每个建模方案获得的结果，包括模型敏感度结果，见表 4-17 的例子。

注意：只提供基本输入的例子，其他临界输入，例如排放口的角度和方向可能也是需要的。

表 4-17 模拟结果汇总表（河流系统的例子）

运行模型描述	流量统计	环境条件					排放条件			出水口特征		模型的预测结果	
		流速/（ft/s）	深度/ft	宽度/ft	流量/cfs	水温/℉	流量/（mg/d）	出口流速/（ft/s）	水温/℉	出水口数量	出水口直径/inchs	ZID	MZ
现有条件	30Q10												
	7Q10												
	1Q10												
	平均流量												
建议的场景1、2、3等	30Q10												
	7Q10												
	1Q10												
	平均流量												

（4）使用模型的恰当性。

要确定建模的结果是否足以进行许可证的制定，许可证书写者必须：

①熟悉各种模型的假设和限值。

②回顾申请者提供的信息：

a. 排放分类以及确定哪个模型适用，有 3 个类别：

- 淹没式单孔扩散器；
- 淹没式多孔扩散器；
- 表面排放。

b. 确定边界相互作用的可能性。由于不是所有混合区模型都能用于模拟各种边界条件，而且不是所有混合区模型的设计都能够模拟各种边界条件，因此很重要的是：了解可能存在的边界之间的相互作用，并使用模型来模拟这些边界条件。

c. 确定在近场是否有不稳定性，例如表面或底部相互作用，或局部再循环区域，在该区域可能通过阻流建立排放浓度。

基于排放和受纳水体特点，使用一系列的方程确定排放是否为稳定的（温排水回流不可能发生）。典型的是，使用 CORMIX 模型以确定每个模拟的稳定性。CORMIX 对于工作人员来说是现成的，用于模拟稳定的排放。若排放被确定为是不稳定的，必须使用能够模拟不稳定的模型。一般情况下，由于存在温排水回流，射流模型不能用于计算不稳定的流场条件。

③提出如下问题：

a. 该模型是否是 EPA 支持的，或有一个成熟的科学记录。若没有，应提供模型的支持文件，否则不应该被接受。

b. 申请人选择该模型的理由是否合理。若不合理，则申请者没有做进一步解释的话，该模型是不可接受的。

c. 申请人是否充分地解决了该模型的敏感性。在收集现场数据或更多数据前，应使用可获得的数据或假设运行模型以确定其敏感性参数。若未进行该步骤，在许可证制定前，申请者或许可证书写者必须分析模型的敏感度。步骤如下：

- 通过输入可能具有敏感性的每个参数的最大、最小和少量的中间值运行模型。最可能的敏感参数包括排放流速和温度以及环境流速和温度。在分层水体中，模型也可能对位置和分层类型有敏感性。
- 一次只改变一个输入变化，否则就无法确定是哪个输入变化导致的结果输出的变化。
- 如果没有计划收集额外的数据以确定模型的结果，则需要使用最为保守的稀释结果。

d. 对于许可证的更新，模拟结果与现有 RMZ 所知的是否一致。申请者或许可证书写者必须快速核实所选混合区模型得到的预期的稀释因子，以确定其是否合理。步骤如下：

- 计算流体与排放混合的百分数。使用模型得到的稀释因子以及如下基础质量平衡方程。

  流体与排放混合的百分数 ＝［（D−1）×Q_e］/Q_s

  其中：D＝ 预期的稀释因子（模型输出的结果）；

  Q_e＝ 排放流量；

  Q_s＝ 流体流量。

- 将该百分比与排放的实际所知进行比较。根据现有信息得出结论，见表 4-18。

表 4-18　质量平衡案例

<table>
<tr><td colspan="2">流场情景：
在混合区边界模型预测的稀释因子（DF）＝45
排放流量（Q_e）＝1.80（mg/d）×1.547＝2.78 cfs
流体 7Q10 流量（Q_s）＝170 cfs
得到：流体与排放混合的百分比 ＝［（DF ×Q_e）/Q_s］×100
＝［（45×2.78）/170］×100＝73.5%</td></tr>
<tr><th>现有信息</th><th>结论</th></tr>
<tr><td>例子 1：染色研究
显示排放停留在流体一侧，并且没有与大部分（＞50%）流体混合</td><td>模型预测的稀释过大，
模型必须被改善或使用其他模型</td></tr>
<tr><th>现有信息</th><th>结论</th></tr>
<tr><td>例子 2：没有关于排放混合特点或现场研究的信息</td><td>排放可能导致迁移阻塞，因其与大部分流体混合；可能需要额外的现场数据，或者可能改变排放特点（如排放口的设计、排放体积和速率、排放化学性质）</td></tr>
</table>

（5）临界流量条件。

1）河口和海湾。

对于河口和海湾，EPA 推荐的临界设计条件是基于潮汐和河流条件的组合。

由于在河口环境中羽的动态是很复杂的，无法简单地基于受纳水流临界低流量以及流体排放速率计算排放稀释。由于密度分层、潮汐变化、风效应、河流的注入、复杂的循环模式，使得河口内流出物的混合很复杂，要求以厂址特定的经验数据来确定临界稀释因子。

TSD 给出了河口不分层与分层的单独建议。在没有分层的河口，临界稀释条件包括河口大潮时的低潮水位与河流输入的设计低流量的组合。在分层河口，应进行在低潮时的最小分层期间以及最大分层期间的厂址特定分析，以评价哪种情况下得到最小的稀释。一般，最小分层与低的河流输入以及大的潮差（大潮）有关，然而最大的分层与高的河流输入以及低的潮差（小潮）有关。

除评价如上临界设计条件外，非设计条件也应被评价。推荐的分层和不分层的非设计条件是在一个潮汐循环中的最大流速。非设计条件可能导致更大的稀释，但可能将羽携带到更远的下游。需要进行这些条件的评价，以确保有毒条件不进入下游重要资源区域如贝类栖息地。

对于急性水生生命水质准则的应用，在一个潮汐周期中，第 10 个百分点的速度应被用于临界低潮条件；第 90 个百分点速率用于非设计条件。对于慢性水生生命水质准则和人体健康准则，应使用第 50 个百分点的速度。

2）海洋。

与河口环境的临界条件一样，海洋临界阶段必须包括最大和最小分层的分析。分析还必须包括海洋条件、天气条件或排放条件显示水质标准可能被超越的情况。TSD 建议每一个参数的累积频率的第 10 个百分值应在分析中使用。

第5章 美国滨海各州的水质标准总结

5.1 各州的水质标准特点

美国国家水质标准和州水质标准（水质准则和混合区政策）归纳如表5-1所示，主要有如下特点：

1）水质准则有温度上限值和最大温度变化值。

大部分州的河流：T_{max}=32.2℃，ΔT_{max}=2.8℃；

湖泊：T_{max}=32.2℃，ΔT_{max}=1.7℃；

海洋：夏季ΔT_{max}=0.83℃（佛罗里达：ΔT_{max}=1.1℃），其他季节ΔT_{max}=2.2℃。

2）滨海核电厂温排水混合区范围：受纳水体环境水温9月至次年5月温升一般要求不应超过2.2℃，6月至8月不应超过0.8℃。

3）当不满足水质准则尤其是对混合区尺寸的限制要求时，温排水可以只满足CWA 316（a）的要求；

4）表层排放，混合区外满足水质准则；淹没排放，表层水温也能满足水质准则。不满足水质准则，则可以进行CWA 316（a）证明。

5）NPDES 许可证要求给出如下指标：最高允许每日温度值（分别给出夏季、冬季数值，如 Carvert Cliff 核电厂）；最高允许的温升限值；温度变化速率要求。

北部 ΔT_{max} 高一些，达到 18℃，北部主要考虑到减小对鲑鱼的撞击和夹带。南部核电厂 ΔT_{max} 低一些，在 10℃左右，但对于开放水域并且是离岸深排时，温升也可达到 18℃。

6）混合区。

①位置：避开敏感区域，不侵犯整体水体指定使用，不导致水体功能降级。

②尺寸：指表面积、宽度、断面积和/或体积的相对值。如果授权一个特定的排放一个混合区，许可机构基于“一事一议”使用州或部落混合区政策的一般尺寸要求，定义特定排放的个体的厂址特定混合区的实际尺寸。个体混合区的面积或体积应尽可能小（MA），以便不干扰指定用途，或不干扰指定用途的水体段内的水生生物群落。应划定混合区和确定的位置，以提供一个连续的通道区域，保护迁徙、自由游泳和漂移的生物。

混合区应被限制在一个尽可能小的区域。应用可获得的技术优化排放口的位置、设计和运行，以确保混合区尺寸最小。混合区的尺寸是由物理和水文因素决定的，如流速、动量、密度、对流和扩散。当温排水排入受纳水体，这些作用将温排水稀释直到完全混合。这个过程可分为两部分：温排水近区；温排水远区。

近区是在排放点附近的废水与受纳水体的快速和不可逆的湍流混合的过程，当动量诱导的排放速度停止并产生明显的混合时，近区结束过渡到远区。

近区准则：对于淹没式排放，从海底排污口排放，排放动量和初始的浮力作用在一起产生湍流混合。当稀释废水停止在水体柱中升高并且首次开始水平扩散，若在近区边界流出物满足水质标准，并且没有违反混合区的其他限制，则可认为混合区是最小化的。

抗降级准则：使用温排水远区作为混合区，需核实以满足如下抗降级的内容：①没有活动、源排放或排放消除的较小环境破坏性的替代厂址是合理可用的或可行的；②在设计和运行上最大可行的程度上最小化混合区的大小和形状；③混合区将不会破坏水体整体性，包括现有和指定的功能。

河流混合区尺寸：不超过断面和/或水体体积的1/4至1/2；或者任何时间不超过岸与岸之间表面的1/2至2/3。弗吉尼亚州还给出了向下游延伸长度不超过5倍的受纳水体排放点处的宽度。得克萨斯州给出ZID不超过：排放点下游18.3 m和上游6.1 m。

湖泊混合区尺寸：断面/水体体积或者岸与岸之间的表面比例要求与河流相同。得克萨斯州规定从排放点出发所有方向ZID不超过半径7.6 m（或相当的体积或面积）。

潮汐水体混合区尺寸：不超过断面和/或水体体积的1/4至1/2；不超过1/2至2/3宽度。禁止在457.2 m的海岸线内设置混合区。

弗吉尼亚州：任何方向不超过从排放点至对岸之间1/3处的平均深度的5倍。建议采用淹没扩散器，使得初始稀释区域外满足水质准则。

佛罗里达州：排放口处 $\Delta T \geqslant 9.4^{\circ}\mathrm{C}$ 温排水通过明渠或封闭管道排入开放水体的限制：受纳水体表层温升不应超过36℃，并且POD必须离岸足够距离以确保近岸海水水质不超过许可的限值。

加利福尼亚州：离岸排放；排放温升 ΔT_{max}=11℃。不得导致岸线、任何海洋底质表面自然水体温升超过2.2℃，或者表层2.2℃等温升线在排放口往外304.8 m范围内。表层温度限制应确保在任何一个完整潮汐周期的至少50%的时间。

马里兰州：24 h平均最大2℃温升半径（从排放口至2℃等温线距离）不

超过 1/2 平均退潮程；24 h 平均最大 2℃温升断面不超过 1/2 涉及受纳水体的断面，两个断面在同一位置；24 h 平均底部 2℃以上温升面积不超过 5%的平均落潮潮程底部面积。

③形状：水体类型、排放口设计以及排放特性将确定混合区的形状。形状应是一个简单的轮廓，而易于在水体中定位，并且避免进入生物重要区域。在湖中，一般倾向于有一定半径的圆形，但在非正常厂址，其他形状也可能是恰当的。应避免所有水体中的抱岸温排水。岸边区域一般是水体中生物生产力最高和最敏感的区域，并且这些区域常常被作为娱乐用途。抱岸温排水一般不与受纳水体混合，因此不像其他不抱岸形状的混合区那样稀释。由于抱岸温排水易于维持底栖区域或娱乐区域不混合的水，而更可能对水体指定的用途有负面影响。

由上述可知，美国有较完善的温排水混合区管理要求；而我国当前尚无混合区政策、管理规定或设置导则，为了有效控制温排水影响，应借鉴美国经验并结合我国特点尽快制定混合区管理规定或设置导则，以约束混合区的位置、尺寸、形状以及混合区内水质要求，使混合区对水生生物的影响最小化。在美国的温排水法规标准体系中，州规定的混合区政策是可以被超越的，但温排水必须满足对水生生物保护的要求，即确保受纳水体中平衡固有贝类、鱼类和其他野生生物生长和繁育，例如 Oyster Creek 核电厂温排水混合区不满足州混合区政策要求，但满足对水生生物保护的要求。

5.2 滨海核电厂温排水混合区特点

由表 5-2 可知美国滨海核电厂温排水混合区有如下特点：

①在河口区域温排水导致的表面温升和横截面温升影响范围满足相应的

混合区政策要求，超出混合区政策要求则需证明满足对水生生物保护的要求，如 Indian Point 核电厂、Oyster Creek 核电厂；

②对于温排水可能影响重要底栖生物的区域，需预测底部温升影响范围；

③由于有夏季和非夏季水质准则要求，因此有些核电厂给出不同季节的（夏季和非夏季）的混合区范围；

④混合区没有固定的形状，有些为以排放口为圆心的圆形，有些则为矩形或不规则图形；

⑤对于离岸深排的核电厂如 St. Luice 和 San Onofre，表层水温能满足水质准则要求，混合区范围满足最小化的要求（近区准则）；

⑥对于近岸排放的核电厂，混合区外满足水质准则，混合区的设置没有导致水体功能降级，对水生生物的影响小，满足混合区最小化的要求（远区准则），例如 Millstone 核电厂 2 号和 3 号机组（电功率共为 2 116 MWe）混合区范围（温升 0.8℃温排水范围）是排放口外半径为 2 438 m 区域，混合区的设置没有降低水体功能并且对水生生物的影响小。

我国当前具体核电厂混合区的设置是基于“一事一议”原则，前期工作已经对当前运行和在建的核电厂混合区的设置情况进行了统计，我国核电厂两台机组运行时温排水 4℃温升影响范围为 1.76×10^{-4}～2.72×10^{-3} km^2/MWe。美国 Millstone 核电厂 4℃温升影响范围为排放口外半径约为 609.6 m 区域，面积约为 0.57 km^2，即 2.7×10^{-4} km^2/MWe，该值在我国两台机组温升影响范围内，可见，虽然我国核电厂使用的预测模型和方法（物理模型和数学模型耦合的方法）与美国（使用数学模型和实地测量研究相结合的方法）不同，但结果较为接近。然而，我国在混合区位置的最优化、尺寸的最小化等方面仍然有很大的优化空间，急需参考美国的混合区政策并结合我国国情制定出混合区政策或管理办法，以优化混合区的设置，使其对水生生物的影响最小化。

表 5-1 美国州水质准则和混合区准则

		马萨诸塞州	康涅狄格州	纽约州	新泽西州	马里兰州	弗吉尼亚州	北卡罗来纳州	佛罗里达州	得克萨斯州	加利福尼亚州	明尼苏达州
河流	水质准则	T_{max}=29.4℃，ΔT_{max}=2.8℃	T_{max}=29.4℃，ΔT_{max}=2.2℃	T_{max}=32.2℃，ΔT_{max}=2.8℃	T_{max}=31℃，滚动 7 日平均每日 T_{max}=28℃，ΔT_{max}=2.8℃			T_{max}=32℃，ΔT_{max}=2.8℃	T_{max}=32.2℃，ΔT_{max}=2.8℃	ΔT_{max}=2.8℃，不同水体段有不同 T_{max}	ΔT_{max}=2.8℃，给出 Colorado River 每月温度上限值	T_{max}=32.2℃，ΔT_{max}=2.8℃
河流	混合区准则	不超过 50%宽度或一半体积	不超过断面或流体体积 25%	50%断面和/或 2/3 岸宽流体体积	不超过断面和/或水体体积的 1/4，或者任何时间不超过岸与岸之间表面的 2/3		不超过 1/2 受纳水体宽度，也不超过 1/3 受纳水体的断面；向下游延伸长度不超过 5 倍的受纳水体排放点处的宽度		不超过 1/3 的流体表面宽度；并且不超过 1/4 的垂直于排放流体的横截面	ZID 不超过：排放点下游 18.3 m 和上游 6.1 m，ZID 不应超过 25% 的河流在连续 7 天以上为期 2 年的低流量条件水流体积		不超过 1/4 的流体断面和/或体积，并且不超过 50% 的宽度
湖泊	水质准则	同上	同上	ΔT_{max}=1.7℃，限制在分层湖泊表层			没有分层时，不应超过 3℃		T_{max}=32.2℃，ΔT_{max}=1.7℃	ΔT_{max}=1.7℃		T_{max}=32.2℃，ΔT_{max}=1.7℃
湖泊	混合区准则	同上	同上	同上	同上					从排放点出发所有方向 ZID 不超过半径 7.6 m（或相当的体积或面积）		

		马萨诸塞州	康涅狄格州	纽约州	新泽西州	马里兰州	弗吉尼亚州	北卡罗来纳州	佛罗里达州	得克萨斯州	加利福尼亚州	明尼苏达州
海洋/河口	水质准则	ΔT_{max}=2.8℃，T_{max}=29.4℃	10月至次年6月：ΔT_{max}=2.2℃；7月、8月和9月：ΔT_{max}=0.83℃，T_{max}=28.3℃	10月至次年6月：ΔT_{max}=2.2℃；7月至9月：ΔT_{max}=0.83℃；河口：T_{max} = 32.2℃	9月至次年5月：ΔT_{max}=2.2℃；6月至8月：ΔT_{max}=0.8℃，夏季平均T_{max}=29.4℃	不超过32℃或本底水温	无温度上限ΔT_{max}=3℃，最大小时温度变化2℃	9月至次年5月：ΔT_{max}=2.2℃；6月至8月：ΔT_{max}=0.8℃，T_{max} = 32.2℃	10月至次年5月：ΔT_{max}=2.2℃；T_{max} = 32.2℃；6月至9月：ΔT_{max}=1.1℃，T_{max} = 33.3℃	9月至次年5月ΔT_{max}=2.2℃；6月至8月：ΔT_{max}=0.83℃		
海洋/河口	混合区准则	一半宽度或一半体积	不超过断面或流体体积25%	海域：无限制 河口：50%断面和/或2/3岸宽流体体积	禁止在1 500 ft（457.2 m）的海岸线内不超过断面和/或水体体积的1/4；或者任何时间不超过岸与岸之间表面的2/3	24 h平均最大2℃温升半径(从排放口至2℃等温线距离)不超过1/2平均退潮程； 24 h平均最大2℃温升断面不超过50%涉及受纳水体的断面，两个断面在同一位置； 24 h平均的底部2℃以上温升面积不超过5%的平均落潮潮程底部面积	任何方向不超过从排放点至对岸之间1/3处的平均深度的5倍； 建议采用淹没扩散器，使得初始稀释区域外满足水质准则		排放口POD处大于9.4℃温升通过明渠或封闭管道排入开放水体的限制：表面温升不应超过36℃，并且POD必须离岸足够距离以确保近岸海水水体不被加热至许可的限值	从排放点出发所有方向ZID不超过半径15.2 m（或相当的体积或面积）	离岸排放； 排放温升：ΔT_{max}=11℃； 不得导致在岸线、任何海洋底质表面或从排放口往外超过304.8 m的海洋表面，自然水体温升超过2.2℃； 封闭的海湾、河口不得导致水体温升超过2.2℃	

表 5-2　滨海核电厂温排水混合区特点

核电厂	流量/（m^3/s）	温排水预测	ΔT_{max}/℃	T_{max}/℃	温度变化或其他要求	满足 WQS 还是 CWA 316（a）
MA Pilgrim	20	小时平均值的温排水范围（如 brayton point 电厂）	18（日均值）	38.9（日均值）	在正常稳态运行时，温升变化速率在任何一个 60 min 不应超过 3℉并且在正常负荷循环时在任何一个 60 min 不应超过 10℉	混合区外满足水质标准
CT Millstone	92	瞬时值；4 种潮型的外包络（最大落潮、低平潮、最大涨潮、高平潮）	18（瞬时值）	40.5（瞬时值）		在混合区半径为 2 438 m 范围外满足水质准则，即 0.8℃（相当于在我国一、二类水体中设置混合区）
NY Indian Point	106	涨潮和落潮每月均值与准则进行比较；Comix 和 MIT 联合模拟计算涨潮/落潮工况；涨潮流第 10 个百分位的涨潮流为 CORMIX 输入	—	43（瞬时值） 4 月 15 日至 6 月 30 日，每日平均排放温度不超过 34℃	排放渠的温度超过 32.2℃时，申请者应维持排放流速不低于 3 m/s	6 月和 8 月每月平均断面温度升高分别为 1.18℃、1.59℃。平均 2℃温升范围占表面宽度 54%（准则：1/3），平均断面被温排水占据的比例为 14%～20%（准则：50%）；不满足水质准则（河口的要求），业主将进行替代研究
NJ Oyster Creek	29		12.8（日均） 18.3（日均，冷凝器反冲洗、取水结构的维护或应急条件下）	41.1（瞬时） 43.3（瞬时，冷凝器反冲洗、取水结构的维护或应急条件下）		满足 CWA 316（a）

核电厂	流量/（m^3/s）	温排水预测	ΔT_{max}/℃	T_{max}/℃	温度变化或其他要求	满足 WQS 还是 CWA 316（a）
NJ Salem	127		15.3	46.1（6 月至 9 月） 43.3（10 月至次年 5 月）	取水量月平均值 1.1×10^7 m^3/d	6 月至 8 月，HDA 扩展到排放口上游 7 710 m 和下游 6 430 m，离航道东部边缘不小于 402 m。9 月至次年 5 月，HDA 扩展到排放口上游 1 000 m 和下游 1 800 m，离航道东部边缘不小于 970 m
MD Carvert Cliff			6.7		控制冬季温度下降速度，避免换料大修等在冬季进行	满足水质准则
VA Surry						混合区（排放口外 914 m 范围）外的温度很少超过 2.8℃，影响小
NC Brunswick					水面下 1 m 处任何时候都不得超过 32℃	在大约 8.09 km^2 混合区中，只允许一个小面积（水面 0.49 km^2，底部小于 0.004 km^2）温升高于 3.9℃
FL St. Luice			16.7℃ 17.8℃（当节流循环及减少氯使用时）	45℃ 47.2℃（当节流循环及减少氯使用时）		环境表层低于 36℃，满足放水域水质准则
FL Crystal River 3			9.7℃	35.8℃（3 h 滚动平均值）		满足 CWA 316（a），影响小
CA San Onofre			1 号机组 10℃ 2\3 号机组 11℃			满足水质标准

英文缩写

CWA	美国清洁水法
NPDES	美国国家污染物排放削减许可证
EPA	美国国家环境保护局
FWPCA	美国联邦水污染控制法案
TDML	污染物每日最大总负荷
WQS	水质标准
CFR	美国联邦法规
TSD	基于水质有毒物控制技术支持文件
WQBEL	基于水质流出物限值
USGS	美国地质调查局
TBEL	基于技术流出物限值
TMDL	总的最大每日负荷分配
WLA	污染物负荷分配
LA	负荷分配
LTA	长期平均值
AML	平均每月限值
MDL	最大每日限值

AWL	每周平均限值
CV	变异系数
HDA	散热区域
DRBC	特拉华河流域委员会
RIS	代表性重要物种
POD	排放口
RMZ	监管混合区
ZID	立刻稀释区域/初始稀释区
1Q10	预计平均每十年发生一次的最低单日平均流量事件
7Q10	预计平均每十年发生一次最低的连续七天的平均流量事件
1B3	平均每三年发生一次的最低的一天平均流量事件
4B3	平均每三年发生一次的最低的连续四天的平均流量事件
IMD	俄勒冈州混合区的内部管理的指令
ELG	美国国家环境保护局基于技术流出物限值导则
RPA	合理潜力分析
CMC	最大浓度

参考文献

[1] United States Environmental protection Agency. Letter from Acting deputy general counsel to Director，water planning division，subjuect：mixing zones. 1973. https：//19january2017snapshot.epa.gov/sites/production/files/2015-01/documents/mixingzone-zenner-memo-1973.pdf.

[2] United States Environmental protection Agency. Letter from Richard G. Stoll，Jr. Deputy associate general counsel water and solid waste division to Divid Sabock，Acting Chief Criteria Branch，subjuect："mixing zones" for water quality standards. 1979. https：//19january2017snapshot.epa.gov/sites/production/files/2015-01/documents/mixingzone-wqs-memo-1979.pdf.

[3] United States Environmental protection Agency. EPA Guidance on application of state mixing zone policies in EPA-issued NPDES permits. 1996. https：//19january2017snapshot.epa.gov/sites/production/files/2015-01/documents/guidance-npdes-memo-1996.pdf.

[4] United States Environmental protection Agency. Water Quality Standards Handbook Chapter 5：General Policies. 2014. https：//www.epa.gov/sites/production/files/2014-09/documents/ handbook-chapter5.pdf.

[5] United States Environmental protection Agency. EPA NPDES Permit Writers' Manual，1996.

[6] U.S. EPA. Technical support document for water quality based toxics control. 1991.

[7] State of Orgon Department of Environmental（DEQ）. Regulatory mixing zone internal management directive，Part one：allocating regulatory mixing zones. 2012.5.

[8] State of Orgon Department of Environmental（DEQ）. Regulatory mixing zone internal management directive，Part two：Reviewing mixing zone studies. 2013.6.